Carl-Auer

Die Reihe Management/Organisationsberatung

Die heutige Gesellschaft ist eine organisierte Gesellschaft. Man muss schon lange suchen, um überhaupt noch Bereiche zu finden, die nicht von Organisationen geprägt sind. Unternehmen jedweder Größe und Eigentumsform, Verwaltungen, Schulen, Gerichte, Krankenhäuser, Universitäten, Kirchen, Verbände, Parteien, Vereine etc. – allesamt übernehmen sie gesellschaftliche Funktionen und bestimmen unser Leben. Die Fülle an Aufgaben, die unter den Bedingungen zunehmender Globalisierung und Digitalisierung gleichzeitig zu erfüllen sind, wie auch die Bandbreite an Organisationskonzepten und Führungsansätzen, mit denen der komplexe Alltag bewältigt werden soll, stecken das Feld ab, in dem Management und Beratung mehr oder weniger wirksam werden.

Die Zeiten, in denen es einfache Antworten auf die vielfältigen Fragen zur Überlebenssicherung einer Organisation und auch zur Steuerung tagtäglicher Entscheidungsprozesse gab, sind seit Langem vorüber. Der Komplexität, mit der heute alle konfrontiert sind, die in verantwortlichen Funktionen in und mit Organisationen arbeiten – Führungskräfte, Manager und Organisationsberater etc. –, wird man mit Rezeptwissen nicht mehr gerecht. Hier setzen die neuere Systemtheorie und mit ihr die Reihe Management/Organisationsberatung im Carl-Auer Verlag an. Beide liefern Konzepte und »Landkarten«, die auch im unübersichtlichen Terrain von Wirtschaft und Organisation Orientierung ermöglichen und Handlungsfähigkeit sicherstellen.

Das Ziel der Reihe ist es, empirisch gehaltvolle Forschungen über die Prozesse des Organisierens wie auch theoretisch angemessene Führungs- und Beratungsansätze zu präsentieren. Zugleich sollen bewährte Methoden einer system- und lösungsorientierten Praxis im Kontext von Organisationen überprüft und neue Ansätze entwickelt werden.

Torsten Groth
Herausgeber der Reihe
Management/Organisationsberatung

Simon Caspary

Kulturentwicklung von Unternehmerfamilien

Eine Einführung

Mit einem Vorwort von Heiko Kleve

2024

Themenreihe: »Management und Organisationsberatung«
hrsg. von Torsten Groth
Reihengestaltung: Uwe Göbel
Umschlaggestaltung: B. Charlotte Ulrich
Umschlagmotiv: © EcoView – stock.adobe.com
Grafikdesign: Victor Alberti d'Enno
Redaktion: Markus Pohlmann
Satz: Verlagsservice Hegele, Heiligkreuzsteinach
Printed in Germany
Druck und Bindung: CPI books GmbH, Leck

MIX
Papier | Fördert gute Waldnutzung
FSC® C083411

Erste Auflage, 2024
ISBN 978-3-8497-0546-6 (Printausgabe)
ISBN 978-3-8497-8495-9 (ePUB)

Bibliografische Information der Deutschen Nationalbibliothek:
Die Deutsche Nationalbibliothek verzeichnet diese Publikation in der Deutschen Nationalbibliografie; detaillierte bibliografische Daten sind im Internet über http://dnb.d-nb.de abrufbar.

Informationen zu unserem gesamten Programm, unseren Autoren und zum Verlag finden Sie unter: **https://www.carl-auer.de/**.
Dort können Sie auch unseren Newsletter abonnieren.

Carl-Auer Verlag GmbH
Vangerowstraße 14 • 69115 Heidelberg
Tel. +49 6221 6438-0 • Fax +49 6221 6438-22
info@carl-auer.de

Inhalt

Vorwort von Heiko Kleve

Simon Caspary ist ein Sozial- und Wirtschaftswissenschaftler, der in einer Unternehmerfamilie aufgewachsen ist, der also den Kontext, den er mit seinen Forschungen durchschreitet und mit seinen handlungsmethodischen Anregungen konstruktiv zu gestalten vorschlägt, aus der eigenen Sozialisationserfahrung kennt. Die persönliche, insbesondere emotionale Beziehung zu einem Thema, mit dem eine systematische Auseinandersetzung erfolgt, birgt sowohl Gefahren als auch Möglichkeiten: So könnte etwa die Distanz zum Untersuchungsgegenstand verloren gehen oder überhaupt nicht erst entstehen, wenn dieser Gegenstand so eng mit dem eigenen Leben verknüpft ist. Wenn es aber gelingt, diese thematische Nähe durch intensive Reflexionsprozesse so zu bearbeiten, dass daraus Erkenntnisgewinne entstehen, die *einerseits* auf der persönlichen Verwobenheit basieren und sich *andererseits* davon zugleich distanzieren, etwa mit praktikablen Modellen, Methoden und Techniken, dann ist extrem viel gewonnen.

In dieser Weise hat Simon Caspary die wissenschaftliche Beschäftigung mit Unternehmerfamilien bereits bereichert: mit seiner umfangreichen Auseinandersetzung mit den Sozialisationsbedingungen innerhalb dieser Familienform (Caspary 2018a; 2023) und – in einem ersten Anlauf – hinsichtlich praktischer Vorschläge, wie diese Familien ihre Kultur reflektieren und entwickeln können (Caspary u. Kleve 2023). Denn Unternehmerfamilien sind unternehmerische Familien, Familien also, deren Mitglieder mindestens ein Unternehmen besitzen und erfolgreich zu gestalten versuchen, um es nicht nur für die eigene Gegenwart, sondern auch für die Zukunft der Nachkommen, der Kinder, Enkel und Urenkel zu sichern. Diese als transgenerationale Intention der Unternehmerfamilie bezeichnete Perspektive verweist auf ein Thema, das in den letzten Jahren insbesondere in ökologischer Hinsicht äußerst wichtig geworden ist, nämlich auf den Aspekt der *Nachhaltigkeit.*

Wenn eine Unternehmensform Nachhaltigkeit im Kern ihrer Existenz verankert hat, dann ist es das Familienunternehmen. Denn hier wird das, was Familien auszeichnet, nämlich die Weitergabe des Lebens von einer an die nächste Generation, auf das Unternehmenseigentum ausgeweitet. Erfolgreiche Familienunternehmen sind dadurch gekennzeichnet, dass ihnen in jeder Generation erneut die familiäre Nachfolge gelingt. Das bedeutet, dass sich immer wieder Menschen finden, die gewillt und hinsichtlich ihrer Kompetenzen in der Lage sind, die Verantwortung für das Familienunternehmen zu tragen. Damit einher geht die Arbeit an der langfristigen Zukunftsfähigkeit des Unternehmens in ökonomischer, sozialer und ökologischer Hinsicht.

Bei der Betrachtung erfolgreicher Familienunternehmen fällt auf, dass sich die regelmäßige Realisierung der Nachfolge, also die nachhaltige Zukunftsorientierung, nicht von selbst versteht. Im Gegenteil: Das Konfliktrisiko ist besonders in der Phase des Übergangs von der einen an die nächste Generation groß. Denn spätestens in diesen Übergangsphasen müssen nicht nur neue Personen gefunden werden, die das Unternehmen verantworten wollen und in die Zukunft tragen. Zudem muss der Generationsübergang so gestaltet werden, dass Bewährtes der vergangenen Generationen tradiert und Problematisches verändert bzw. innoviert werden kann. Und das gelingt solchen Unternehmerfamilien besonders gut, die dafür Strukturen etabliert haben sowie in entsprechenden Kulturen leben und arbeiten.

In den letzten Jahren lag der Fokus der wissenschaftlichen wie praxisorientierten Betrachtung insbesondere auf der *Strukturentwicklung*. Die sog. *Governance* erfolgreicher Unternehmerfamilien war von Interesse, also die Art und Weise, wie diese Familien sich selbst und ihre Verkopplung mit dem Unternehmen sowie ihr entsprechendes Verantwortungsmanagement organisieren. Dabei wird davon ausgegangen, dass die Zunahme der Komplexität des Unternehmens (etwa hinsichtlich Mitarbeiterzahl,[1] Umsatzhöhe, Standorte oder Internationalisierung etc.) und die Zunahme der Familienkomplexität (etwa durch das Anwachsen der Gesellschafterzahl, insbesondere durch die Einführung egalitärer Vererbungsmuster) durch die Implementierung von Strukturen bearbeitet werden müssen. Je höher diese Komplexität wird, desto wichtiger ist es, dass Strukturen für deren passende Reduktion entwickelt und implementiert werden. Dadurch zeigen sich unterschiedliche Formen von Regeln, Gremien und Posi-

1 Wegen der besseren Lesbarkeit wird in diesem Buch meist darauf verzichtet, geschlechterspezifische Formulierungen zu verwenden. Personenbezogene Bezeichnungen in der männlichen grammatischen Form beziehen sich in der Regel auf alle Geschlechter.

tionen, die innerhalb der Familie kreiert und realisiert werden, um die Entscheidungsfähigkeit der Unternehmerfamilie hinsichtlich des Unternehmens zu sichern. Dieses Set von strukturierten Prozessen und Regeln wird als *Family Governance* bezeichnet.

Was jedoch bisher eher marginal betrachtet wird, ist der Kulturaspekt der Unternehmerfamilie. Während wir die Struktur – metaphorisch – als die *Hardware* der Unternehmerfamilie bezeichnen könnten, lässt sich die Kultur als die *Software* verstehen. Die Kultur subsumiert also die Programme der Unternehmerfamilie, in welche die Mitglieder hineinsozialisiert werden, die sie wie die Fische das Wasser (zunächst) nicht wahrnehmen können. Dass Menschen von einer spezifischen Kultur geprägt sind, die ihr Handeln, Fühlen und Denken bestimmt, merken sie erst durch die Konfrontation mit Kontexten oder Menschen, die in anderen Kulturen eingebettet sind, bzw. durch die methodische Reflexion solcher Erfahrungen in Distanz zur eigenen Familiensozialisation. Diese Differenzerfahrung ermöglicht die Wahrnehmung dessen, was zuvor als selbstverständlich vorausgesetzt wurde.

Das große Verdienst von Simon Caspary ist es nun, dass er mit dem vorliegenden Buch Unternehmerfamilien zum einen für die Bedeutung ihrer jeweiligen Kultur sensibilisiert. Zum anderen lädt er dazu ein, diese spezifische Kultur sichtbar zu machen, sie in vielfältiger Weise zu reflektieren. Genau das ist die Voraussetzung für eine bewusste *Kulturentwicklung*. Was zumeist dem Selbstlauf überlassen wird, kann so einer expliziten Beschäftigung innerhalb der Unternehmerfamilie zugeführt werden. Genau dafür bietet Simon Caspary eine Vielfalt von Werkzeugen, Systematiken, Fragen und Beobachtungsraster, sprich: einen umfassenden Methodenkoffer an. Dieser kann in Unternehmerfamilien für Einzelreflexionen sowie in Gruppen oder Arbeitskreisen genutzt werden, um sich der eigenen kulturellen Voraussetzungen zu versichern. Damit ist dieses Buch ein Grundlagenwerk, das eine anspruchsvolle Kulturtheorie der Unternehmerfamilie entwirft und praxistauglich so vermittelt, dass sie tatsächlich in alltäglichen Arbeitskontexten zur Entwicklung und Organisation dieser Familien genutzt werden kann. Weil das Buch hinsichtlich dieser Vermittlung von Theorie und Praxis geradezu vorbildlich ist, wünsche ich ihm eine weite Verbreitung!

Witten und Potsdam, im Sommer 2024
Heiko Kleve

1 Unternehmerfamilien als besonderer Familientypus

Auch wenn Unternehmerfamilien als Familien bezeichnet werden, unterscheiden sich diese doch beträchtlich von den in unserer Gesellschaft vorherrschenden familiären Formen. Durch das Eigentum einer Familie an einem Unternehmen entsteht eine wechselseitige Verbindung, eine *strukturelle Kopplung* (kurz: Kopplung) beider Systeme. Unternehmerfamilien eint daher eine besondere Form des Wirtschaftens, indem sie überwiegend ihre Berufung darin sehen, ihr Unternehmen gesund zu halten und erfolgreich an die nächste Generation zu übergeben.

Die transgenerationale Intention und ein Unternehmen, welches sich mehrheitlich im Eigentum der Familie befindet, charakterisieren diese besondere Form des Wirtschaftens (Rüsen et al. 2022, S. 12). Unternehmerfamilien kann folglich eine »*unternehmerische Intention*« (Kleve 2020a, S. 11) unterstellt werden. Darunter sind marktorientierte Entscheidungen der Unternehmerfamilie in Bezug auf das Unternehmen zu verstehen, wie z. B. Entscheidungen bezüglich Innovationen und Investitionen (ebd.). Aufgrund dieser Besonderheiten muss die Unternehmerfamilie in Abgrenzung zu den anderen familiären Formen als ein *besonderer Familientypus* aufgefasst werden.

Aber Unternehmerfamilien sind nicht nur ein besonderer Familientypus, sie müssen sich auch ab einem bestimmten Lebenszyklus, d. h. ab einer bestimmten Größenordnung, formal organisieren. Dies resultiert u. a. aus dem familiären Wachstum sowie sich verändernden Eigentümer- und Führungsstrukturen innerhalb des Familienunternehmens (Klein 2004, S. 274). Wird daher die Familie hinter einem Familienunternehmen betrachtet, so treten hier unterschiedliche Formen auf: Es existieren sowohl Familienunternehmen mit einer Kleinfamilie als Eigentümerin als auch solche mit Mehrgenerationenfamilien und mehreren Hundert Mitgliedern, die sich alle auf gemeinsame Wurzeln berufen können. Alle diese Variationen werden ihre Mitglieder als Familienmitglieder bezeichnen (Simon 2005c, S. 57).

Besonders die familiären Entwicklungen können den Alltag innerhalb eines Familienunternehmens erschweren. Dabei kann nicht nur der Geschäftsbetrieb in Mitleidenschaft gezogen werden, sondern ebenso das Wachstum oder notwendige Veränderungen. Die auftretenden Dysfunktionen im Unternehmen bewirken dann – aufgrund der Kopplung – eine Rückkopplung auf die Familie und deren Wohlergehen (Heck a. Scannell Trent 1999).

Ab einer bestimmten Größe müssen die für Familien typischen informellen Kommunikationskanäle daher aufgegeben werden und formalen Strukturen weichen, damit der Kontakt sowie die Bindung zwischen den Familienmitgliedern aufrechterhalten werden kann und die Aufgaben erledigt werden können. Diese Formalisierung dient der Funktionsfähigkeit der Unternehmerfamilie. Beschleunigt wird sie durch die geografische Verteilung der Mitglieder und kann deshalb bereits in bezüglich der Mitgliederzahl kleineren Unternehmerfamilien erforderlich sein (Frank u. Keßler 2018, S. 257).

Wenngleich die Mitglieder in Unternehmerfamilien durch ein verwandtschaftliches Verhältnis verbunden sind, reicht dieses *Band* als Bindungskraft ab einer bestimmten Anzahl von Mitgliedern irgendwann nicht mehr aus, die zentrifugalen Kräfte im Hinblick auf die emotionale Bindung zum Familienunternehmen und zur Unternehmerfamilie zu kompensieren. Denn je schwächer die verwandtschaftlichen Bindungen aufgrund des familiären Wachstums werden, desto größer ist die Gefahr, dass das Interesse am gemeinsamen Familienunternehmen, an der transgenerationalen Intention, abnimmt (Habig u. Berninghaus 2004, S. 13). Hier bedarf es daher der formalen Organisation von Kommunikationspunkten/-möglichkeiten und eines aktiven Familienmanagements, damit möglichst alle Mitglieder die Unternehmerfamilie als Familie erleben können (Rüsen, Kleve u. von Schlippe 2021, S. 134), die Entscheidungsfähigkeit nicht gehemmt bzw. blockiert wird und eine Weiterentwicklung möglich ist (von Schlippe, Groth u. Rüsen 2017, S. 71).

Auf die formal organisierte Unternehmerfamilie treffen dann – ähnlich wie bei einer Organisation[2] – die in Tabelle 1 ausgeführten Charakteristika zu (Schein 1980, S. 151 f.).

2 Die Begriffe Organisation und Unternehmen werden in diesem Buch synonym verwendet. Organisation ist als Oberbegriff anzusehen, unter den u. a. Unternehmen fallen.

Charakteristikum	Beschreibung
Offenheit des Systems	Unternehmerfamilien müssen als offene Systeme[3] aufgefasst werden, da sie andauernd mit ihrer inneren/äußeren Umwelt interagieren: Von dieser erhalten sie Informationen, Energie, Rohstoffe usw., die die Unternehmerfamilien transformieren und via Produkte, Dienstleistungen und Sinn an die Umwelt zurückgeben. Unternehmerfamilien verändern sich somit unweigerlich andauernd durch Anpassung ihrer Mitglieder im Inneren und im Außen, sei es z. B. an gesellschaftliche oder marktwirtschaftliche Veränderungen.
Vielfalt an Zwecken und Funktionen	Bedingt durch die Kopplung der beiden Systeme Familie und Unternehmen weisen Unternehmerfamilien vielfältige Zwecke und Funktionen auf, die wiederum zahlreiche Interaktionen zwischen der Unternehmerfamilie und ihrer inneren/äußeren Umwelt umfassen. Viele Aktivitäten lassen sich nur verstehen, wenn man die Interaktionen und Funktionen zwischen den Systemen mitberücksichtigt.
Subsystembildung	Unternehmerfamilien bestehen ab einer gewissen Größe aus drei Subsystemen (Familie, Unternehmen und Eigentümerkreis), die sich ihrerseits im Inneren differenzieren können. Um Organisationsphänomene zu verstehen, müssen die Verhaltensweisen der Subsysteme analysiert werden. Es macht dabei keinen Unterschied, ob man anhand von Gruppen oder Rollen(sets) usw. analysiert.
Wechselseitige Abhängigkeit der Subsysteme	Die einzelnen Subsysteme sind wechselseitig voneinander abhängig. Veränderungen in einem Subsystem provozieren daher Anpassungen in den anderen bzw. machen diese notwendig.
Umweltbezug	Um die Funktionsweise von Unternehmerfamilien zu verstehen, müssen diese immer in Relation zu ihrer inneren/äußeren Umwelt betrachtet werden. Die Umwelt stellt Forderungen an die Unternehmerfamilie und zwingt sie zu (kulturellen) Anpassungsleistungen.
Problem der Abgrenzung	Aufgrund der vielfältigen Schnittstellen ist es schwierig, eine präzise Grenze zwischen Unternehmerfamilie und Umwelt zu ziehen, besonders mit Begrifflichkeiten wie Größe, Gestalt, Funktion oder Struktur.

Tab. 1: Charakteristika zur Bestimmung einer Organisation

Im Vergleich zu wirtschaftlich ausgerichteten Organisationen schafft die in Unternehmerfamilien vorherrschende transgenerationale Intention eine besondere Kultur mit einer vordergründig nicht rein ökonomischen Perspektive, die stattdessen den nachhaltigen Erfolg des Unternehmens fokussiert. Mögliche Investitionschancen, die in der Logik des Unternehmens oder des Eigentümerkreises sinnvoll

3 Luhmann (1994) begreift alle autopoietischen Systeme als operational geschlossene Systeme. Beispielsweise sind Unternehmerfamilien im Hinblick auf ihre Mitgliedschaft als geschlossene Systeme zu begreifen. Das Recht auf Zugehörigkeit wird mittels Geburt, Adoption, Heirat, Partnerschaft (Gimeno, Baulenas u. Coma-Cros 2010, S. 52) und/oder Eigentum am Unternehmen gewährt. Offenheit wird in diesem Buch als interaktive und sinnhafte Offenheit gegenüber der Umwelt verstanden.

erscheinen (würden), werden oftmals zugunsten der Familie zurückgestellt, um den nachhaltigen transgenerationalen Bestand nicht zu gefährden (Kleve 2020a, S. 30 f.). Auf der anderen Seite können aber auch Investitionen getätigt werden, die erst langfristig Gewinne generieren, vielleicht sogar erst in der nächsten Generation. Kurzfristige Gewinnerwartungen des Unternehmens können zugunsten der Familie zurückgestellt werden.

Die für Unternehmerfamilien *typische* Kultur formt sich durch das wechselseitige Zusammenspiel der drei Subsysteme Familie, Unternehmen und Eigentümerkreis heraus. Dabei entsteht der Eigentümerkreis erst ab einer gewissen Anzahl von Mitgliedern. Denn aufgrund des Größenwachstums der Familie können irgendwann nicht mehr alle Mitglieder eine operative Funktion im Unternehmen ausüben, bzw. wird dies nicht mehr von ihnen erwartet. Unternehmerfamilien sind daher erst ab einer bestimmten familiären Größe durch die Herausbildung des Eigentümerkreises charakterisiert. Um als Unternehmerfamilie zu gelten, ist die Herausbildung des Eigentümersystems also kein zwingendes Erfordernis.

Ebenfalls wichtig zu verstehen ist an dieser Stelle: Nicht alle Mitglieder des Familiensystems werden Mitglieder der Unternehmerfamilie oder müssen dies sein. Im Hinblick auf die Zugehörigkeit bestehen je nach Unternehmerfamilie unterschiedliche Selektionskriterien. Die Mitglieder der Unternehmerfamilie können als Teilmenge der Familie angesehen werden. Wer zur Unternehmerfamilie gehört und wer nicht, ist eine Entscheidungsfrage, die kulturell verankert ist. Die Zusammenhänge sind in Abbildung 1 dargestellt (Caspary 2022, S. 166).

Wie in Abbildung 1 ersichtlich, kann die Unternehmerfamilie als »mehrdimensionales ›soziales System‹« (Königswieser u. Hillebrand 2009, S. 30) bzw. als *emergentes Phänomen* aufgefasst werden, das sich als Gesamtsystem aus den drei Systemen Familie, Unternehmen und Eigentümerkreis zusammensetzt bzw. erst zumindest durch die Kopplung der Systeme Familie und Unternehmen entsteht (Frank et al. 2023, S. 2; Wimmer u. Simon 2019, S. 146 ff.).

Aus dem Blickwinkel der Unternehmerfamilie stellen die drei Systeme drei (sehr) relevante Subsysteme dar, die sich durch Systemdifferenzierung, d. h. durch die Wiederholung der System-Umwelt-Differenz im Inneren, herausbilden (Luhmann 1994, S. 37). Die Unternehmerfamilie stellt als Gesamtsystem eine bedeutungsvolle

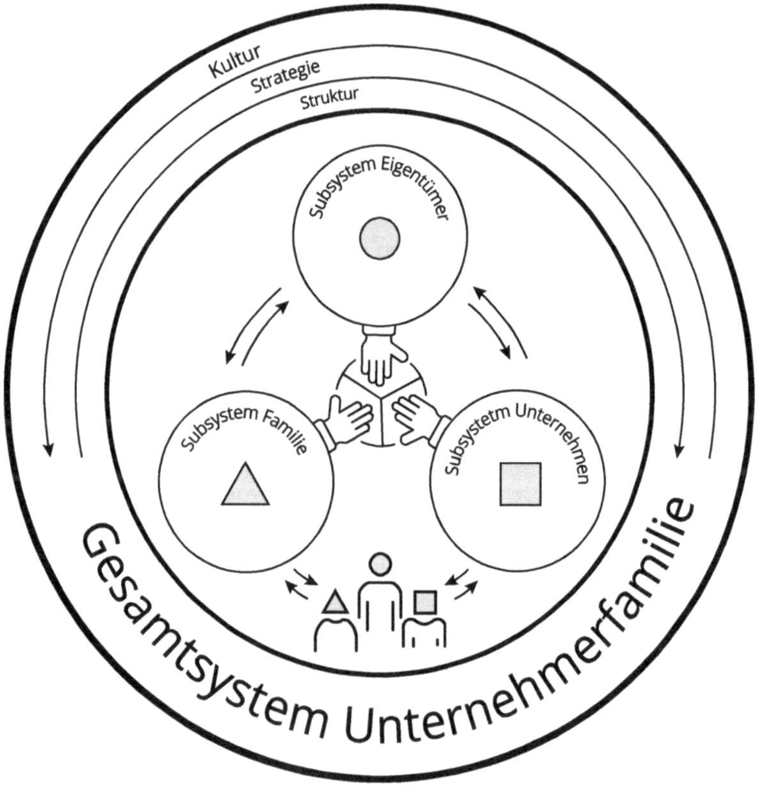

Abb. 1: Wechselbeziehungen innerhalb einer Unternehmerfamilie

Umwelt für die drei Subsysteme dar. Doch auch die Subsysteme stellen ihrerseits innere Umwelten für die Unternehmerfamilie bereit, die diese berücksichtigen muss. Jedes System fungiert für das jeweils andere als sinnstiftende Umwelt (Weismeier-Sammer et al. 2012, S. 183). Allerdings verschmelzen Gesamtsystem und Subsysteme nicht miteinander; die jeweiligen Funktionslogiken existieren in Unternehmerfamilien parallel. Durch die Kopplung stehen die Subsysteme jedoch in wechselseitigem Austausch miteinander und mit der Unternehmerfamilie als Gesamtsystem. Die Subsysteme entwickeln sich koevolutionär, d. h., sie nutzen sich zum wechselseitigen Strukturaufbau, wobei sie ihre Autonomie, Wirklichkeit und Logik nicht aufgeben (Wimmer u. Simon 2019, S. 157). Trotz seiner Wechselbeziehungen agiert jedes Subsystem autonom. Die Intensität der

Kopplung zwischen Gesamtsystem und Subsystemen variiert, ist also je nach Unternehmerfamilie systemspezifisch und wird wesentlich durch die kulturelle Prägung der Subsysteme beeinflusst (Caspary u. Kleve 2023, S. 8 f.).

Damit die Unternehmerfamilie handlungsfähig wird oder bleibt und den Umgang mit Wachstumsdynamiken gestalten, den transgenerationalen Bestand sichern und die drei Subsysteme koordinieren kann, muss sie aber auch organisationsähnliche Strategien entwickeln und (formalisierte) Strukturen zur Verfügung stellen. Diese Strategien und Strukturen tragen zur Koordination und Herstellung von Gleichgewichten zwischen Subsystemen und Umwelt bei und stellen die Funktionsfähigkeit der Subsysteme sicher. Dabei sorgt der kulturelle Einfluss für die Entwicklung einer spezifischen Strategie, mit deren Unterstützung sich die Herausforderungen in Chancen transformieren lassen, um dann mit den entsprechenden Strukturen und Prozessen Ergebnisse zu erzielen (Caspary 2022, S. 165).

Wie ersichtlich wird, ist eine Unternehmerfamilie ein komplexes und dynamisches Gebilde, das nicht nur Veränderungen ausgesetzt ist, sondern dem selbst eine enorme Veränderungskraft innewohnt (Pümpin u. Koller 1990, S. 307). Besonders die transgenerationale Intention einer jeden Unternehmerfamilie ist davon abhängig, dass diese handlungs- und entscheidungsfähig bleibt, um die gemeinsame Entwicklung zu gewährleisten. Dazu müssen nicht nur Strategien zur Konfliktlösung und -vermeidung etabliert werden, sondern vor allem muss die Komplexität reduziert werden (Simon 2017, S. 91). Nach Luhmann (1994, S. 46) kann Komplexität zunächst wie folgt aufgefasst werden:

> »Als komplex wollen wir eine zusammenhängende Menge von Elementen bezeichnen, wenn aufgrund immanenter Beschränkungen der Verknüpfungskapazität der Elemente nicht mehr jedes Element jederzeit mit jedem anderen verknüpft sein kann.«

In Unternehmerfamilien wächst die Komplexität durch das Wachstum der drei Subsysteme, wodurch der direkte Austausch der Familienmitglieder nicht mehr ohne Weiteres möglich ist. Auf der Ebene der Unternehmerfamilien müssen dadurch zunehmend mehr Mitglieder berücksichtigt werden. Zudem steigt die Zahl der Prozesse, die gleichzeitig ablaufen, sowie die Zahl der Kommunikationen und der notwendigen Schritte zur Koordination, letztere sogar exponentiell. Ein weiterer Komplexitätstreiber sind die unterschiedlichen

Wachstumsdynamiken der drei Subsysteme. Dabei ruft das schnellere Wachstum eines Subsystems Irritationen und Anpassungsleistungen in den anderen Subsystemen hervor (Gimeno, Baulenas u. Coma-Cros 2010, S. 12 f.).

Ein wesentlicher Schlüssel, um Komplexität zu reduzieren, ist die Kultur, indem

- die Interpretation und Beurteilung von Situationen erleichtert werden,
- Entscheidungen eine Legitimierung und Stabilisierung erfahren und
- sich gewisse Verhaltensweisen standardisieren lassen, z. B. indem in konfliktären Situationen allgemeingültige Lösungsansätze bereitgestellt werden.

Durch die kulturvermittelte Komplexitätsreduktion wird den Mitgliedern gewissermaßen soziale Sicherheit geboten (Wien u. Franzke 2014, S. 17). So kann z. B. eine Kultur *Firma vor Familie* für die Unternehmerfamilie stark komplexitätsreduzierend wirken, da Bedürfnissen und Anforderungen des Unternehmens immer Vorrang eingeräumt wird; es bedarf also keiner Diskussion. Aber natürlich hat diese Vorrangstellung der Familie u. U. einen hohen emotionalen Preis (von Schlippe u. Klein 2017, S. 120) und kann nicht nur zu Dysfunktionen und Konflikten in der Familie führen, sondern auch dazu, dass diese daran zerbricht. Es würde deswegen zu kurz greifen, nur die Komplexität eines (Sub-)Systems reduzieren zu wollen. Hier besteht die Gefahr, wichtige Funktionen oder Eigenschaften des Systems zu zerstören. Systeme benötigen ein Mindestmaß an Komplexität, damit Lernfähigkeit, Wahrnehmung und Kommunikation überhaupt möglich sind. Aus dem Blickwinkel der Kybernetik[4] ergeben sich folgende Fragen zum *Umgang mit der Komplexität eines Systems* (Malik 2013, S. 53 f.):

- Wie kann diese unter Kontrolle gebracht werden?
- Welche Steuerungs- und Regulierungsmöglichkeiten bestehen für komplexe Systeme?
- Wie muss die Struktur eines Systems beschaffen sein, damit sie den Umgang mit Komplexität fördert?

4 Kybernetik bezeichnet die Wissenschaft »zur Beschreibung der Regelung und Steuerung komplexer Systeme« (von Schlippe u. Schweitzer 1999, S. 53).

An diesen Fragestellungen wird ersichtlich, dass die Kultur und die Beschäftigung mit dieser keine Allheilmittel darstellen. Die Kultur fügt sich als ein – wenn auch zentraler – Aspekt in die verschiedenen Elemente ein, die für das Management wichtig sind (Malik 1990, S. 31). Kulturen weisen aber nicht nur eine Innenausrichtung auf, sondern entfalten zugleich eine Außenwirkung; insbesondere wie der Umgang mit externen Anspruchsgruppen gestaltet wird. Für eine ganzheitliche Betrachtung muss Kultur daher eine Innen- und Außenperspektive aufweisen (Wien u. Franzke 2014, S. 108).

Die Kultur, aber auch die von ihr abgeleiteten Strategien sowie Strukturen und deren Subkulturen sind daher bedeutsame Bestandteile einer jeden Unternehmerfamilie. Sie prägen diesen besonderen Familientypus und sind notwendig für dessen Funktionsfähigkeit. Die Kultur durchdringt die Unternehmerfamilie, d. h., sie ist allgegenwärtig und prägt die Denk- und Handlungsweisen ihrer Mitglieder. Ob und, wenn ja, wie die Kultur auf die Systemaktivitäten wirkt, hängt erheblich von der inhaltlichen Ausgestaltung der Kultur ab (Sackmann 2017, S. 169). Da die Familienmitglieder sowohl Mitglieder des Gesamtsystems als auch der Subsysteme sein können, ergeben sich für sie folgende Herausforderungen (Schreyögg 2008, S. 379):

- Einzelne Mitglieder geraten in Loyalitätskonflikte zwischen Gesamt- und Subsystem.
- Bedingt durch die Überschneidungen und Doppelmitgliedschaften der Mitglieder öffnen sich unweigerlich die Systemgrenzen der Subsysteme, wodurch Subkulturen die Gesamtkultur überformen können.

Nachdem in diesem Kapitel die Unternehmerfamilie als ein besonderer Familientypus charakterisiert worden ist, widmet sich Kapitel 2 dem Kulturbegriff: Es wird ein grundlegendes Verständnis geschaffen, was die Kultur ausmacht und wie sie entsteht. Kapitel 3 beleuchtet dann die kulturellen Besonderheiten sowie Herausforderungen von Unternehmerfamilien, und Kapitel 4 betrachtet als eine Art Exkurs Kultur unter einem evolutionären Aspekt. Abschließend stellt Kapitel 5 einen umfangreichen Methodenkoffer bereit, mit dem sich die Kulturentwicklung in Unternehmerfamilien aufbauend auf den vorherigen Kapiteln praktisch vollziehen lässt.

2 Heranführung an den Kulturbegriff

Der Kulturbegriff ist nicht neu. Er hat seinen Ursprung in der Anthropologie bzw. Ethnologie, wo er seit dem Ende des 18. Jahrhunderts als ein zentrales Konzept im Mittelpunkt des Forschungsinteresses steht (Sackmann 2017, S. 35). Das, was Kultur beschreibt, existiert allerdings schon, seitdem sich Menschen in Gruppen zusammengefunden haben, oder, im Hinblick auf *Organisationen*, seitdem diese »*als ein soziales, produktives und autonomes System*« (Krulis-Randa 1990, S. 1) entstanden sind. Ähnliches gilt für die Unternehmerfamilie als ein besonderer Typus einer Organisation. Als eine Gemeinschaft von Menschen weist diese schon immer eine Kultur auf, nur wurde das Phänomen Kultur im Zusammenhang mit Unternehmerfamilien in dieser Form noch nicht beleuchtet.

An dieser Stelle soll an eine Bemerkung von Krulis-Randa angeschlossen werden: »Begriffe werden erst dann gebraucht, wenn das Phänomen, welches sie bezeichnen, bewusst wird« (Krulis-Randa 1990, S. 1). Bei dem Phänomen Kultur geht es somit nicht darum, *ob* eine Kultur überhaupt existiert, sondern *welche* kulturellen Phänomene ein System prägen bzw. *welche* die Denk- und Handlungsweisen der Mitglieder beeinflussen (Grubendorfer 2016, S. 14). Zwei Fragestellungen sind bei der Beschäftigung mit Kultur demzufolge zentral (Katz, Weissmüller u. Thies 2007, S. 32):

- Was sind die Phänomene und Bedingungen einer betrachteten Kultur? Wie kommt/kam es dazu?
- Welche Ergebnisse/Konsequenzen werden durch die Kultur produziert?

Bei der Beobachtung oder Beschreibung von Kultur kommt es jedoch zusätzlich darauf an, durch welche *Brille* Kultur betrachtet wird; denn der Begriff Kultur wird heutzutage von den verschiedenen Disziplinen unterschiedlich verwendet – neben den oben genannten u. a. in der Soziologie und umfassend in der Organisationsforschung sowie -entwicklung. Obwohl es sich um den gleichen Begriff handelt, unterscheiden sich die jeweiligen Bedeutungsinhalte bei den Disziplinen und sogar innerhalb dieser. Jeder Zugang bedingt daher unweigerlich andere Erwartungen darüber, was das Kulturkonzept im jeweiligen Kontext leisten kann und soll (Sackmann 2017, S. 36).

Generell können zwei Blickrichtungen auf das Phänomen Kultur identifiziert werden, die auf unterschiedlichen Annahmen basieren und deshalb unterschiedliche Rückschlüsse auf die Gestaltung von Kultur eröffnen (Grubendorfer 2016, S. 14; Schreyögg u. Geiger 2016, S. 319):

1) *Kultur als Variable:* Organisationen *haben* eine Kultur (analytisch-funktionaler Ansatz).
2) *Kultur als Metapher:* Organisationen *sind* Kulturen (synthetisch-interpretativer Ansatz).

Sackmann (2017, S. 42; 1990) stellt noch eine dritte Sichtweise auf Kultur zur Verfügung, die eine Synthese der beiden ersten Auffassungen darstellt:

3) *Kultur als ein dynamisches Konstrukt:* Organisationen *sind* Kulturen und *haben* gleichzeitig kulturelle Aspekte.

Während die ersten beiden Auffassungen als zwei Endpunkte eines Spektrums angesehen werden können, liegt die dritte bildlich gesprochen in der Mitte. Letztere wird in diesem Buch geteilt. Kultur ist veränderbar, was einem analytisch-funktionalen Ansatz widerspiegelt, und gleichzeitig wird ein synthetisch-interpretativer Ansatz verfolgt, der ein Verständnis bezüglich Kultur fördern möchte (Hofstede u. Hofstede 2011, S. 371; angelehnt an Smircich 1983). Daraus ergibt sich folgender Blickwinkel auf Kultur (Sackmann 1990, S. 162 f.):

- Kultur ist ein Konstrukt, welches komplex und dynamisch ist. Dieses entwickelt sich durch die menschlichen Interaktionen und Handlungen gegenüber Problemen und inkludiert unterschiedliche ideelle und materielle Gesichtspunkte.
- Nicht alle Facetten werden sichtbar. Die nicht sichtbaren werden allerdings durch ihren Einfluss nachvollziehbar, den sie auf die Wahrnehmung, das Denken, Fühlen und Handeln der Kulturträger[5] entfalten.
- Es existiert eine komplexe und nicht auf Ursache–Wirkung zurückführende Vernetzung der einzelnen Facetten.

---

5 Als Kulturträger werden Mitglieder eines Systems verstanden, die durch die jeweils vorherrschende Kultur geprägt werden und diese verinnerlicht haben, allerdings auch durch ihre Denk-, Verhaltens- und Handlungsweisen einen Einfluss auf die Kultur ausüben (angelehnt an Hoffmann 2017, S. 98; Sackmann 2017, S. 99).

- Kultur ist weder gut noch schlecht. Es gibt Funktionen, die in ihrer Wirkung förderlich oder hinderlich wirken können, und andere, die durch ihr Sein, wie z. B. Gestalt, Ausprägung, Subkulturbildung, wahrgenommen werden können.

Aber was ist Kultur nun genau? Kultur beschreibt ein »soziales Phänomen« (Sackmann 2017, S. 98). Dieses kann als eine »unsichtbare Ordnungskraft« (Schreyögg u. Geiger 2016, S. 294) aufgefasst werden, die für Systeme einen gewinnbeeinflussenden und Erfolgsfaktor darstellt (Franken 2010, S. 203). Allerdings ist Kultur beides: »eine Kraftquelle (die daher bewahrt werden soll) und eine Quelle an Hindernissen und Beschränkungen ([die] […] deshalb wahrscheinlich teilweise verändert werden muss)« (Schein u. Schein 2017, S. 100). Als »Phänomen ganz eigener Art« (Hofstede u. Hofstede 2011, S. 46) dient Kultur als ein »übergreifendes System kollektiv geteilter Symbolwelten und Praxen« (Hoffmann 2017, S. 55). Sie stellt das »geistige Zentrum« (Wien u. Franzke 2014, S. 12) eines Systems dar und dient als ein Medium der Kommunikation, vergleichbar mit einer Sprache. Wer diese anders spricht als in dem jeweiligen kulturellen Kontext üblich, fällt auf (Hall 1989).

Vor allem darf die Bedeutung von Kultur für ein System nicht unterschätzt werden. Kultur formt im besten Fall ein von allen Mitgliedern akzeptiertes Milieu bzw. stellt dieses Milieu zur Verfügung, in dem

- zielorientiert gearbeitet werden kann,
- sich Schnittstellen automatisch reproduzieren,
- sich eine Steigerung der Motivation vollzieht und
- das Miteinander durch ein partnerschaftliches Verhalten charakterisiert ist (Wien u. Franzke 2014, S. 16).

Kultur bietet den Mitgliedern eine gewisse Erfahrungswelt, in der Deutungsmuster kollektiv geteilt werden. Aus dem Blickwinkel der Organisationsforschung kann jedes organisierte System gewissermaßen als eine autonome Kulturgemeinschaft aufgefasst werden, da diese eine jeweils spezifische Kultur produziert (Schreyögg 2008, S. 363 f.). Dies gilt auch für die Unternehmerfamilie, die sich anhand ihrer eigenen Wertvorstellungen, Normen und Eigenheiten begreifen lässt. Hierdurch rückt unweigerlich der Mensch in den Fokus. Die Unternehmerfamilie kann daher als ein von ihren Mitgliedern geschaffenes soziales Konstrukt aufgefasst werden, welches durch die Werte, Denk- und Handlungsweisen ihrer Mitglieder geprägt wird (Wien u. Franzke 2014, S. 1). Hieraus entstehen einzigartige Vorstellungs- und Orientierungsmuster, die ihrerseits die Mitglieder nachhaltig im Hinblick auf deren Verhaltensweisen nach innen und außen prägen (Schreyögg 2008, S. 364). Kultur darf deshalb nicht als ein Selbstzweck aufgefasst werden. Sie ist ein Weg bzw. ein Mittel für eine erfolgreiche Organisation, worunter auch Unternehmerfamilien fallen (Katz u. Weissmüller 2007, S. 28).

Bevor in den nächsten Kapiteln ein detailliertes Verständnis von Kultur vermittelt wird, wird zusammenfassend dargestellt, was Kultur *nicht* ist (Krulis-Randa 1990, S. 10 f.):

- *Kultur ist keine Einzelleistung:* Vielmehr ist sie das Resultat einer Gruppe und dient der Überlebenssicherung in einer sich immer wieder verändernden Umwelt.
- *Kultur ist nicht angeboren:* Sie wird durch Prozesse der Sozialisation[6] weitergegeben, und die Errungenschaften der Gemeinschaft werden zum Allgemeingut.
- *Kultur ist nicht allgemeingültig:* Demgegenüber ist sie immer gemeinschafts- und gruppenspezifisch und entsteht aus dem Erfordernis oder Bedürfnis der Gruppe heraus, in einer feindlichen Umwelt überleben zu wollen. Gewährleistet wird der Fortbestand durch eine Abgrenzung von anderen Gruppen.
- *Kultur ist nicht qualitativ bewertbar (als gut/schlecht):* Eher spiegelt sie die in der Gruppe vorherrschenden Wertvorstellungen und Verhaltensnormen in Bezug zu ihrer spezifischen Umwelt wider und dient zur Sicherung der Überlebensfähigkeit der Gruppe.
- *Kultur ist nicht gleich Zivilisation:* Zivilisation kann als eine Verfeinerung/Versittlichung von Kultur aufgefasst werden.
- *Kultur ist nicht nur Manifestationen:* Sie spiegelt die Wertvorstellungen und Normen wider, die erst zu den sichtbaren Ausdrucksformen (menschlichen Werken oder Einrichtungen) geführt haben.

6 Hier wird Sozialisation verstanden als die Wirkung »alle[r] sozialen Einflüsse, die das Denken, Fühlen und Wollen von Menschen prägen, formen und ausrichten« (Kleve 2020a, S. 74). Zur Abgrenzung: Sozialisation ist ein permanenter Prozess der psychosozialen Entwicklung; Erziehung dient dazu, die Sozialisation (zielgerichtet) zu steuern (ebd., S. 77).

2.1 Kernmerkmale von Kultur

Wie an den einführenden Worten ersichtlich werden sollte, ist Kultur kein Produkt eines einzelnen Menschen. Demgegenüber entsteht sie kollektiv, d. h. in Gruppen und durch die darin stattfindenden unzähligen Interaktionen. Der Kulturbegriff kann daher auf alle sozialen Systeme übertragen werden: Gesellschaft, Organisationen (Unternehmen), Gruppen, Eigentümerkreis, (Unternehmer-)Familie, Interaktionsbeziehungen usw.

Kultur ist eine kollektive Orientierung, die das individuelle Verhalten beeinflusst. Kollektive Orientierungen entstehen dann, wenn eine kritische Masse an Menschen gewisse Vorstellungen oder Erwartungen teilt; diese werden erst dann Teil der Werte innerhalb einer Gruppe und dienen als Orientierung, stellen Sinn bereit (Hoffmann 2017, S. 27). Für ein erstes Verständnis von Werten soll die nachfolgende Definition dienen. Diese referenziert zwar auf Organisationen, kann allerdings auf alle sozialen Systeme übertragen werden (Zwack 2011, S. 235):

> »Werte sind [...] identitätsstiftende Orientierungsmuster einer Organisation, die durch Emotionalität geschützt werden. Sie sind an Entscheidungssituationen gebunden und werden durch nicht erwartungskonformes Verhalten ersichtlich. Sie werden in der Regel impliziert, durch Anspielung kommuniziert und hängen in ihrer Existenz von ihrer Wiederholung ab.«

Aufgrund des gemeinsamen Werteverständnisses sind Handlungen innerhalb einer Gruppe bis zu einem bestimmten Ausmaß einheitlich und kohärent.

Kultur kann daher nicht einfach »gemacht« werden. Zwar kann an vielen Stellen/Eintrittspunkten auf die Kultur Einfluss genommen werden, allerdings fügen sich diese *Irritationen* in die Kultur ein, sodass daraus kein Rückbezug möglich ist, geschweige denn ein Ergebnis im Detail vorhersagbar wäre. Kultur ist das Ergebnis von Prozessen eines sozialen Ganzen bzw. das Ergebnis des Systems als Ganzes, welches durch Selbstorganisation charakterisiert ist (Klimecki u. Probst 1990, S. 44).

Eine von den Mitgliedern gelebte und verinnerlichte Kultur ist einzigartig und kann nicht von einer anderen Gruppe einfach so übernommen (kopiert) werden. Kultur kann daher als eine Kernkompetenz eines sozialen Systems bezeichnet werden. Wettbewerbsvorteile sind jedoch nur dann nachhaltig und von Dauer, wenn die Kernkompetenz vier Kriterien erfüllt: Sie »muss wertvoll sein, selten, schwierig zu imitieren und darf kaum substituierbar sein« (Sackmann 2017, S. 13). Auch eine Kultur ist schwer imitierbar, da sie durch die jeweils darin ansässigen Mitglieder geprägt wird. Durch ihre systemspezifische sowie entwicklungsgeschichtliche Prägung ist eine Substituierung kaum möglich. Wie wertvoll und selten die Kultur für die jeweilige Gruppe ist, ist hingegen von der konkreten inhaltlichen Ausgestaltung abhängig. Die inhaltliche Ausgestaltung prägt die Kultur und kann ein Erfolgsfaktor darstellen, aber ebenso negative Auswirkungen auf den Erfolg hervorrufen (ebd.). Wird eine Unternehmerfamilie betrachtet, so reicht aufgrund des gemeinsamen Eigentums das familiäre Gedächtnis meist bis zur Gründung des Unternehmens zurück. Die Geschichte wird zwar in jeder Generation fortgeschrieben, allerdings immer in Bezug auf die Vergangenheit und die spezifische Entwicklungsgeschichte (Simon 2017, S. 95 f.). Hieraus formt sich eine ganz spezifische und nicht imitierbare sowie substituierbare Kultur heraus, die für die betreffende Unternehmerfamilie in Abhängigkeit von der inhaltlichen Ausgestaltung einen Erfolgsfaktor darstellen kann.

Für ein tieferes Verständnis der Beschaffenheit von Kultur listet Tabelle 2 deren Kernmerkmale auf (Schreyögg u. Geiger 2016, S. 319 f.; Krulis-Randa 1990, S. 6 f.; Wien u. Franzke 2014, S. 7).

Wichtig: Kultur ist nicht einfach da bzw. kann nicht einfach erfunden werden. Hinter jeder kulturellen Ausprägung liegt ein Entstehungsprozess; sie ist historisch bedingt (Tab. 2). Bei Unternehmerfamilien entsteht deren Kultur durch die Kopplung einer Familie an ein Unternehmen. Die Kultur wird darin wesentlich durch die *Prägungen und Vorstellungen der Gründerpersönlichkeit(en)* determiniert, aber auch (beträchtlich) durch *Umwelt- und Kontextfaktoren der Familie und des Unternehmens.* Kontextfaktoren können sein: Branchencharakteristika des Unternehmens, gesellschaftliche Rahmenbedingungen, etwa politische, ökonomische und soziokulturelle, oder die vorhandenen Technologien (Sackmann 2004, S. 32). Durch dieses (abgestimmte) Zusammenspiel entsteht Kultur als ein emergentes Phänomen innerhalb der Unternehmerfamilie bzw. in sozialen Systemen allgemein (Hoffmann 2017, S. 95), d. h. als neues, vorher nicht existierendes Phänomen.

Kernmerkmal	Beschreibung
Implizit	Kultur setzt sich aus kollektiv geteilten Überzeugungen zusammen, die prägend auf Selbstverständnis und Eigenauffassung einer Gruppe wirken. Das tägliche Handeln wird durch Annahmen, die als selbstverständlich aufgefasst werden, bestimmt. In einer Gruppe kann sich Kultur nur entwickeln und festigen, wenn die Ablaufprozesse normativen Charakter entfalten und somit von den Mitgliedern verinnerlicht werden. Über Ablaufprozesse wird in der Regel nicht nachgedacht; sie sind Bestandteil der täglichen Praxis. Eine etwaige Reflexion stellt eher die Ausnahme dar.
Kollektiv	Kultur beruft sich auf Werte, Orientierungs-, Denk- und Handlungsmuster, die gemeinsam in einer Gruppe geteilt werden. Kultur ist ein kollektives Phänomen, das die einzelnen Mitglieder in ihren Handlungen prägt. Im Sinne eines kulturorientierten Handlungsmusters wird das getan und geglaubt, was die anderen Mitglieder tun und denken. Die (in)direkten Spielregeln werden von allen Mitgliedern akzeptiert und gelebt. Bis zu einem gewissen Ausmaß ermöglicht Kultur daher kohärente und einheitliche Handlungen innerhalb von Gruppen.
Konzeptionell	In einer komplexen Welt vermittelt Kultur Sinn und gibt Orientierung. Sie strukturiert und stellt den Mitgliedern ein gemeinsames Grundverständnis für den Blick auf die Welt zur Verfügung. Dazu liefert sie Vorgaben für Selektion und Interpretation von Ereignissen und strukturiert Reaktionsweisen vor.
Emotional	Abgeleitet von den innerhalb der Gruppe allgemein verbindlichen Werten und Normen entstehen nicht nur (Verhaltens-)Erwartungen, sondern auch Emotionen, die bei (Nicht-)Beachtung der gruppenspezifischen Ansichten positiv und negativ ausfallen. Kultur entfaltet somit zusätzlich eine normierende Funktion, indem sie vorgibt, wozu Ab-/Zuneigung besteht und was zurückgewiesen und ertragen wird.
Historisch	Kultur weist immer eine Entwicklungsgeschichte auf, die durch Lernprozesse charakterisiert ist. Im Hinblick auf Gruppen wird darunter Erfahrungswissen verstanden. Dieses determiniert das zukünftige Handeln durch Erkenntnisse der Vergangenheit, welches sich entlang dem Bestand zum gegenwärtigen Verhalten entwickelt hat. Im Laufe der Zeit entstehen Muster zur Orientierung, die wie selbstverständlich Denk- und Handlungsweisen der Gruppe leiten und zur Problemlösung herangezogen werden.
Erlernbarkeit, Erfahrbarkeit	Kultur wird durch Sozialisationsprozesse vermittelt und erlernt, muss aber vom betroffenen Menschen als wünschenswert erachtet werden. Hierzu besteht in Gruppen eine Fülle von Praktiken, die neuen Mitgliedern aufzeigen, welche Verhaltensweisen (nicht) erwünscht sind. Vor allem Symbolen ist ein wesentlicher Einfluss zuzusprechen. Diese ermöglichen Zugang, Beobachtung und Wahrnehmung von Kultur. Wichtig ist aber, dass sich Kultur nur durch Beobachtung von Symbolen nicht vollständig erschließen lässt (Kap. 2.4).
Wandlungs-fähigkeit	Kultur ist nicht statisch, sondern unterliegt vor dem Hintergrund der übergeordneten Gesellschaftskultur unweigerlich einer kontinuierlichen Entwicklung. Kultur muss in diesem Rahmen ihre Funktionsfähigkeit aufrechterhalten. Versagt die Wandlungsfähigkeit, so ist der Fortbestand gefährdet. Demzufolge ist Kultur nicht nur zeitgemäß, sondern auch zeitlich: *Zeitgemäß:* Sie stimmt mit der übergeordneten Kultur (z. B. der Gesellschaft) überein. *Zeitlich:* Trotz der Entwicklungsgeschichte und der Bewahrung von Werten und Normen, die das gegenwärtige Erscheinungsbild prägen, ist Kultur nicht permanent.

Tab. 2: Kernmerkmale von Kultur

Neben Kultur können als weitere emergente Eigenschaften z. B. Kommunikation, Motivation und Lernen innerhalb von Gruppen genannt werden. Charakteristisch ist, dass diese Elemente nicht direkt beeinflussbar sind, im Sinne von Machbarkeit oder Herbeiführbarkeit (Malik 2013, S. 122). Emergente Phänomene stellen insofern eine Herausforderung dar, da sie nicht steuerbar im Sinne von gestaltbar sind (Multikausalität), jedoch für den Leistungsprozess außerordentliche Bedeutung haben (Schreyögg 2008, S. 341). Einem besseren Verständnis von Emergenz dienen die anschließenden Beispiele (Malik 2013, S. 122):

- Ein Mensch weist Bewusstsein, Motivation oder Lernwillen auf, obwohl diese weder in den Organen, Knochen oder Nervenzellen zu finden sind.
- Ein Motor besteht aus Ventilen, Zylindern, Getriebe usw. Aber erst durch deren abgestimmtes Zusammenspiel entstehen die PS, die messbar, aber in den Wirkelementen nicht vorhanden sind.

So ist Kultur im Wesentlichen *implizit* (Tab. 2). Sie tritt häufig erst dann ins Bewusstsein bzw. fällt erst dann auf, wenn gegen die impliziten/expliziten Regeln verstoßen wird (Grubendorfer 2016, S. 20). Wenn über Kultur gesprochen wird, so besteht die Schwierigkeit darin, sie zu fassen oder zu messen; Kultur ist mit Zahlen und Fakten nicht beschreibbar. Vielmehr ist für ein Verständnis von Kultur eine dynamische und systematische Herangehensweise erforderlich (Franken 2010, S. 203), da diese ein dynamisches und lebendes Gebilde repräsentiert; Kultur ist zugleich Ausgangspunkt und Ergebnis jeder Veränderung. Sie entsteht durch eine Gruppe und prägt zugleich die Denk- und Handlungsweisen der Gruppenmitglieder (Wien u. Franzke 2014, S. 14).

Bei der Beschäftigung mit Kultur sind abschließend noch zwei Unterscheidungen von Bedeutung. Es muss differenziert werden zwischen Gruppenkultur, Gruppenklima und Gruppenethik:

- *Gruppenklima* spiegelt die Stimmung innerhalb einer Gruppe wider und sagt etwas darüber aus, wie (un)zufrieden die Mitglieder aufgrund einer spezifischen Situation sind; es fokussiert die Zufriedenheit der Mitglieder mit Gruppenaspekten (Sackmann 2017, S. 64). Eine Änderung der Situation kann bei Unzufriedenheit das Gruppenklima wieder verbessern. Kultur weist einen Entwicklungsprozess auf. Diese ist zwar wandelbar, aber nicht (einfach so) ersetzbar (Krulis-Randa 1990, S. 12).

- *Gruppenethik* adressiert das sittliche Verhalten der Gruppenmitglieder, sie zielt auf eine Beurteilung ab, in welcher Rangfolge die Werte angeordnet werden, denen sich eine Gruppe in ihren Handlungen verpflichtet (Franken 2010, S. 213).
- Hingegen beinhaltet *Gruppenkultur* die Verhaltensweisen, Werthaltungen und Normen, die die Gruppenmitglieder durch die Adaption an interne und externe Probleme herausgebildet haben (Krulis-Randa 1990, S. 12). Kultur spiegelt die Werte und Normen des gegenseitigen Miteinanders wider. Zwar entfalten hier auch ethische Kriterien ihre Wirkung, dienen jedoch als normatives Fundament für Werte und Normen und unterziehen diese einer andauernden Überprüfung. Gruppenkultur und -ethik beeinflussen sich gegenseitig (Franken 2010, S. 203), wobei Kultur auf die Beschreibung statt auf eine Beurteilung abzielt (Schreyögg u. Geiger 2016, S. 332).

2.2 Funktionen von Kultur

Als emergentes Phänomen ist Kultur nicht direkt greifbar; sie entsteht und lebt vielmehr in den Köpfen der Mitglieder und ist für jede Gruppe einmalig und nicht imitierbar. Dazu stellt sie der Gruppe bzw. deren Mitgliedern unterschiedliche Funktionen zur Verfügung, die die Mitglieder dabei unterstützen, sich im tagtäglichen Miteinander zurechtzufinden (Wien u. Franzke 2014, S. 177 f.). Gerade die funktionale Betrachtung einer Kultur kann erklären, warum Kultur für die Mitglieder als vorteilhaft erscheint, obwohl sie auch immer mit gewissen Einschränkungen für diese verbunden ist (Bauschke 2014, S. 17). Denn Kultur verlangt von den Gruppenmitgliedern Anpassung, wobei die Forderung nach Anpassung nicht explizit kommuniziert wird (Grubendorfer 2016, S. 21). Die Kulturfunktionen kreieren bei den Mitgliedern ein Gefühl von Zugehörigkeit, indem sie zum Gruppenbildungsprozess beitragen und eine Unterscheidung von Innen und Außen (Umwelt) ermöglichen. Funktionsfähige Gruppenkulturen weisen folglich nicht nur eine Innenausrichtung auf, sondern blicken ebenfalls auf ihre Außenwirkung und den Umgang mit externen Anspruchsgruppen (Kap. 3.3). Für eine ganzheitliche Funktionsfähigkeit muss Kultur daher eine Innen- und Außenperspektive aufweisen (Wien u. Franzke 2014, S. 108). In Tabelle 3 werden die einzelnen Funktionen von Kultur dargestellt, die nach Sackmann (2017, S. 59 ff.) in primäre und (sich daraus ableitbare) sekundäre Funktionen unterteilen lassen.

Vermag eine Unternehmerfamilie diese Kulturfunktionen zur Verfügung zu stellen, dann kann ihre Kultur sie bei der erfolgreichen Bewältigung zentraler Aufgaben unterstützen. Voraussetzung ist allerdings ein bestimmtes Ausmaß an Prägekraft der Kultur. Die Kultur muss tatsächlich gelebt werden.

Der Kultur von Unternehmerfamilien kann noch eine weitere Funktion zugesprochen werden: die der *Vermögenssozialisation der Nachkommen.* Kultur *regelt,* wie diese im Hinblick auf die Nachkommen ausgestaltet wird:

- In welchem Alter wird den Kindern in welcher Art und Weise welches Wissen über die Vermögenssituation der Familie mitgeteilt?
- Welche Einstellung, Wertehaltung und Emotionen werden den Kindern im Hinblick auf das Vermögen vermittelt? (Welche Rolle wird dem Vermögen kulturell beigemessen?)
- Welche notwendigen Handlungskompetenzen der Mitglieder in Bezug auf das Vermögen sind kulturell verankert und werden eingefordert und weitergegeben (Kleve 2020a, S. 19)?

Die Kultur stellt einen Rahmen zur Verfügung, innerhalb dessen die Zusammenarbeit bzw. das Zusammenleben erfolgt. Abhängig von der inhaltlichen Ausgestaltung kann dieser kulturelle Kontext auf die Mitglieder inspirierend, neutral oder demotivierend wirken. Kultur hat folglich Konsequenzen auf das Ausmaß der Motivation, des Team- bzw. Familiengeistes in Unternehmerfamilien sowie der Identifikation und des Sinngehalts der Mitglieder und ist ein wesentlicher strategischer Erfolgsfaktor.

Gerade in einer immer schnelllebigeren Zeit liefert die Kultur eine gewisse Ausgleichsfunktion. Die genannten Funktionen ermöglichen es, einen höchst selektiven Filter zwischen den Mitgliedern und der Außenwelt bereitzustellen. Kultur legt fest, worauf die Mitglieder achten und was sie ignorieren (Hall 1989, p. 85). Den Mitgliedern wird somit ebenfalls Orientierung dahingehend bereitgestellt, wie sie nicht sein wollen, wovon sie sich unterscheiden oder was sie anders machen möchten (Bauschke 2014, S. 17).

Primäre Kulturfunktionen	
Ordnung	Kultur stellt den Mitgliedern eine gewisse Ordnung zur Verfügung, indem sie die Komplexität der Welt für die Mitglieder auf ein handhabbares Maß reduziert (Hall 1989, p. 85). Die daraus resultierende Struktur unterstützt die Mitglieder in ihren täglichen Handlungen, während neue Mitglieder die Kultur erst lernen müssen. Die Ordnungsfunktion bietet den Mitgliedern eine Art kognitive Landkarte und gibt Auskunft darüber, was in der Gruppe relevant ist (Sackmann 2017, S. 59).
Orientierung	Die Orientierungsfunktion dient dazu, den Aufwand für Entscheidungen, das Setzen von Prioritäten und für zu erfüllende Aufgaben zu reduzieren. Wenn Mitglieder wissen, welche Entscheidungen innerhalb der Gruppe Akzeptanz erfahren und wie diese vorangebracht werden müssen, führt dies zu schnelleren Handlungen (Bauschke 2014, S. 17 f.). Die Mitglieder können ihr Verhalten in den unterschiedlichen Situationen entsprechend der Kultur anpassen, vorausgesetzt es wurde vorher internalisiert (Sackmann 2017, S. 60). Kultur wirkt daher, indem sie für die Mitglieder als Orientierungsrahmen fungiert im Hinblick auf die Unterscheidung Richtig/Falsch, Erwünscht/Unerwünscht, »Was ist zu tun / zu unterlassen?« oder »Welche Vorgehensweisen sind möglich / unmöglich?« (Grubendorfer 2016, S. 72). Inhaltlich gibt die Kultur vor, welcher Stellenwert in einer Gruppe etwas Bestimmtes beigemessen wird, was als positiv oder negativ zu erachten ist, was über die Vergangenheit zu denken ist und was für Handlungsanweisungen für die Zukunft bestehen (Klimecki u. Probst 1990, S. 42). Die Mitglieder wissen, was richtig und wichtig für die Gruppe ist, sei es im Umgang mit anderen Mitgliedern oder externen Anspruchsgruppen (Sackmann 2017, S. 60).
Stabilisierung	Die Stabilisierungsfunktion sorgt für Kontinuität und Sicherheit. Die Zusammenarbeit zwischen den Mitgliedern wird gefestigt, diese können sich aufeinander verlassen, da dem Verhalten jedes Mitglieds die gleichen Werte und Normen zugrunde liegen (Bauschke 2014, S. 18). Bei Unternehmerfamilien dienen Normen oftmals dazu, den gegenseitigen Umgang zu stabilisieren, um Konflikten vorzubeugen (Kleve 2020a, S. 20). Werte und Normen entstehen entlang der Entwicklungsgeschichte einer Gruppe und werden durch diese wesentlich geprägt. Daraus lassen sich relevante Überzeugungen und Praktiken der Gruppe, die als Routinen in Erscheinung treten, ableiten. Es entwickeln sich gewisse Traditionen, die an neue Mitglieder weitergegeben/vererbt werden. Durch diesen Prozess entwickelt sich Stabilität und Kontinuität. Es entsteht eine gemeinsame Basis für die Interpretation und Kommunikation entlang der Generationen, auf der Handlungen koordiniert werden können. Erst dies sichert die Existenz einer Gruppe, die sonst nicht arbeits- und funktionsfähig wäre (Sackmann 2017, S. 60). Somit inkludieren die ausgeformten Denk- und Verhaltensmuster auch das kollektive Lernen beim erfolgreichen Umgang mit Problemen. Dies kann als kollektive Erinnerung einer Gruppe bezeichnet werden: Erfolgreiche Verhaltensweisen werden wiederholt und dadurch positiv verstärkt. Hingegen werden Verhaltensweisen, die zu Misserfolgen beitrugen, eher vermieden (Sackmann 2004, S. 29). Die Stabilisierungsfunktion von Kultur ist indes ein zweischneidiges Schwert: Für den Fortbestand eines Systems ist sie essenziell, kann allerdings in einer sich rasch ändernden Umwelt zu einem lebensbedrohlichen Hemmnis erwachsen, da notwendige Anpassung u. U. zu langsam erfolgen (Pümpin u. Koller 1990, S. 306).
Sinnvermittlung	Die Sinnvermittlungsfunktion hat wesentliche Effekte auf die Motivation der Mitglieder. Wird über Kultur gesprochen und darüber, wie sie den Gruppenmitgliedern Sinn vermittelt, darf die Arbeit von Viktor Frankl (2011) nicht übersehen werden. Nach Frankl wird der Mensch nicht nur durch Sinn motiviert, sondern auch durch dessen Suche nach Sinn. Menschen, die in etwas Sinn sehen, sind zu Höchstleistungen bereit, auch wenn sie mit Widerständen oder schwierigen Lebenslagen konfrontiert werden. Sinn trägt zur Leistungsbereitschaft und -fähigkeit bei. Er ist also eine motivierende Kraft.

	Zwei Kernaspekte sind dabei wichtig: • Der Mensch ist auf der Suche nach Sinn. Dieser kann aber nicht von anderen bereitgestellt oder erschafft werden. Jeder Mensch muss den Sinn für sich selbst suchen. • Menschen kann jedoch der Sinn genommen werden, wodurch bei den Betroffenen Frustration erwächst. Die treibende Kraft geht verloren. Die Kultur muss daher dafür sorgen, dass möglichst jedes Mitglied durch sie seinen Sinn findet bzw. erkennt (Malik 2013, S. 263).
Sekundäre Kulturfunktionen	
Komplexitäts-reduktion	Sie ergibt sich aus den vier Primärfunktionen, deren Erfüllung automatisch die Komplexität für die Gruppenmitglieder reduziert. Diese erhalten eine Sicht (Brille) auf die Welt, mit der sie für sich relevante Informationen und Dinge herausfiltern können. Somit können die Mitglieder die Fülle an Informationen selektieren und ihrer Kultur entsprechend situationsspezifisch umsetzen (Sackmann 2017, S. 61).
Anpassung, Sensibilisierung	Diese Funktion leitet sich speziell aus der Orientierungsfunktion ab und ist gerade im Kontext eines dynamischen Umfelds von großer Bedeutung. Hier wird die Frage beantwortet, wie schnell sich Mitglieder anpassen können, inwieweit sie entwicklungs- und wandlungsfähig sind (Sackmann 2017, S. 61 f.). Vor allem ist hier die Wahrnehmung von Trends und Veränderungen in der Umwelt gemeint. Frühzeitiges Wahrnehmen ermöglicht eine Risikoreduktion. Erschwert wird es dabei durch die jeweilige Brille – die kulturelle Sichtweise, die eine selektive Wahrnehmung fördert (Bauschke 2014, S. 17).
Koordination	Die Koordinierungsfunktion ermöglicht eine vertikale und horizontale Abstimmung zwischen den Mitgliedern, um die übergeordnete Zielsetzung mit einer möglichst geringen Anzahl an Schnittstellen realisieren zu können. Sie dient vor allem der Interpretation der strukturellen Regelungen, die auf die Denk- und Handlungsmuster der Mitglieder abzielt, welche im Sinne der Gesamtzielsetzung gelenkt werden sollen (Wien u. Franzke 2014, S. 21). Kultur stellt den Mitgliedern sowohl eine kognitive Landkarte als auch ein miteinander geteiltes Handlungswissen zur Verfügung. Beides unterstützt die Wahrnehmung und bedingt eine durch die Kultur geprägte Interpretation von Ereignissen, Umständen und Herausforderungen. Im Zusammenspiel mit Prioritäten und Handlungswissen entsteht eine kulturspezifische Versprachlichung, die eine sinnhafte, für die Mitglieder verständliche Kommunikation ermöglicht. Sie ist Bedingung für Koordination und Kooperation. Das Ausmaß dieser Funktion ist allerdings abhängig von der inhaltlichen Ausprägung der Kultur und der Frage, wie konkret die Ausgestaltung ist (Sackmann 2017, S. 62).
Motivation und Identifikation	Die inhaltliche Ausgestaltung von Kultur sowie die Art der Vermittlung von Sinn fördern oder schwächen die Motivation und Identifikation der Mitglieder mit einzelnen Teilbereichen oder mit der gesamten Gruppe: Fühlen sich Mitglieder wie ein jederzeit austauschbares Rädchen oder als ein wichtiger Teil des Großen und Ganzen (Sackmann 2017, S. 62)? Um die Motivation der Mitglieder sicherzustellen, ist die Vermittlung von Werten und Normen essenziell. Diese wirken identitäts- und sinnstiftend und können die Unzufriedenheit reduzieren helfen. Beide Aspekte steigern die Motivation und Effizienz bei der Erledigung von Aufgaben (Wien u. Franzke 2014, S. 22; angelehnt an Brandstätter u. Otto 2009, S. 356 ff.). Die Ausrichtung (zumindest im Kern) an ein gemeinsames Werte- und Zieleverständnis schafft Vertrauen (Bauschke 2014, S. 17).

Tab. 3: Funktionen von Kultur

Als kulturell verankerter Orientierungspunkt kann in Unternehmerfamilien beispielhaft eine über Generationen aufrechterhaltene Nachfolgeregelung genannt werden, bei der immer ein männlicher Nachkomme die Nachfolge antritt. Solche Regelungen geben nicht nur Orientierung, sondern mindern auch die Unsicherheit bzw. wirken komplexitätsreduzierend (von Schlippe, Groth u. Rüsen 2017, S. 54 ff.), wenngleich die Fokussierung auf rein männliche Nachfolger als nicht mehr zeitadäquat erscheint und wichtige Nachfolgepotenziale verschenkt (Caspary 2010).

2.3 Qualität von Kultur

Die Kulturdiskussion und vor allem der Diskussion von Organisationskulturen unterliegen der Annahme, bestimmte Kulturen könnten Antreiber für eine herausragende Performance sein, also das Handeln innerhalb der Organisation prägen, wobei hier oftmals von *starken* Kulturen gesprochen wird. Für die Einschätzung, inwieweit es sich bei einer beobachteten Kultur um eine starke oder schwache Kultur handelt, werden nach Schreyögg und Geiger (2016, S. 331 ff.) sowie Steinmann und Schreyögg (2005, S. 723) die in Tabelle 4 dargestellten drei Dimensionen als bedeutsamste klassifiziert.

Schreyögg (2008, S. 389) bezeichnet allerdings den Wunsch vor allem von Organisationen, eine *starke* Kultur zu haben, als zweischneidiges Schwert. Kulturentwicklung sollte nicht nur unter der Perspektive gesehen werden, starke Kulturen zu produzieren/fördern. Vielmehr sollten die in Tabelle 4 dargestellten Dimensionen als Ausgangspunkte für einen Reflexionsprozess genutzt werden. (Siehe die Reflexionen in Abschnitt 5.1.2.) Denn Kultur ist immer sehr individuell, und eine Klassifizierung als gut oder schlecht ist verfehlt. Vielmehr geht es um die (positive/negative) Wirkung der Kultur auf die Verhaltens- und Kommunikationsweisen sowie um die Herstellung von Sinn, Zufriedenheit und Leistung der Mitglieder (Franken 2010, S. 215 f.). Auch Hofstede und Hofstede (2011, S. 6 f.) betonen, eine Einordnung von Kultur im Vergleich zu anderen Kulturen als höher- oder minderwertig sei für eine Beurteilung nicht geeignet. Die Untersuchung etwaiger kultureller Differenzen setzt eine neutrale Herangehensweise voraus. Tabelle 5 listet abschließend positive und negative Effekte starker Kulturen auf (Schreyögg u. Geiger 2016, S. 341 ff.; Franken 2010, S. 217).

Dimension	Beschreibung
Prägnanz	Ausmaß, in dem Werte vermittelt und durchgesetzt werden können. Prägnanz gibt Auskunft darüber, wie deutlich die kulturell vermittelten Orientierungsmuster und Werthaltungen sind. Starke Kulturen sind dadurch geprägt, dass sich möglichst alle Mitglieder von den Werten und Orientierungsmustern leiten lassen. Letztere vermitteln eine sehr deutliche Vorstellung über die Erwünschtheit bzw. Nichterwünschtheit und Deutung von Ereignissen oder die Strukturierung von Situationen. Welche Werthaltungen innerhalb einer Kultur eingenommen werden, hat für die Klassifizierung einer starken Kultur keine Bedeutung. Kultur ist generell wertfrei, allerdings liegt der Fokus darauf, inwieweit die Werte (dys)funktional für den Erfolg der Organisation sind.
Verarbeitungsgrad	Ausmaß, inwieweit die Mitglieder die Kultur teilen. Starke Kulturen schaffen es, dass sich möglichst alle Mitglieder in ihren Denk- und Handlungsweisen von den verfügbar gemachten Orientierungsmustern und Werten leiten lassen. Schwache Kulturen tendieren hingegen eher dazu, dass die Mitglieder nach ihren eigenen Normen und Vorstellungen agieren. So lassen verschiedene Orientierungsmuster, Verhaltensnormen oder Paradigmen auf eine schwache Kultur schließen. Im Gegensatz zu starken Kulturen ist in schwachen Kulturen die kulturelle Homogenität wenig bis gar nicht ausgeprägt. Vor allem die Ausformung von Subkulturen kann die Homogenität schwächen.
Verankerungstiefe	Ausmaß, inwieweit kulturelle Muster zum Selbstverständnis der Gruppe gehören. Diese Dimension gibt Aufschluss darüber, inwieweit die kulturellen Muster von den Mitgliedern verinnerlicht sind und somit als selbstverständlicher Kompass für ihre tagtäglichen Handlungen dient. Allerdings muss hier im Hinblick auf das kulturkonforme Verhalten unterschieden werden: Entsprechen die Mitglieder der Kultur aufgrund einer »kalkulierten Anpassung« (Schreyögg u. Geiger 2016, S. 333), oder ist das kulturkonforme Verhalten das Ergebnis der verinnerlichten kulturellen Orientierungsmuster? Kulturkonformes Verhalten ist dann Ausgangspunkt für Stabilität, Vertrauen und Fraglosigkeit im täglichen Miteinander, wenn es das Resultat verinnerlichter kultureller Orientierungsmuster ist.

Tab. 4: Dimensionen zur Beurteilung starker und schwacher Kulturen

Positive Effekte starker Kulturen	
Handlungsorientierung	Kultur erfüllt eine komplexitätsreduzierende Funktion, indem sie den Mitgliedern ein verständliches und überschaubares Bild der Welt vermittelt. Sie reduziert die Fülle alternativer Möglichkeiten und Interpretationen, gerade wenn formale Regelungen nicht weiterhelfen, z. B. bei Unsicherheiten.
Reibungslose Kommunikation	Bedingt durch die homogene Orientierung sind die Abstimmungsprozesse zwischen den Mitgliedern und Funktionsbereichen einfacher und direkter. Starke Kulturen haben ein komplexes Kommunikationsnetzwerk, das sich auf einheitliche Verständigungsmuster stützen kann. Diese unterliegen weniger einer Verzerrung im Hinblick auf die Weitergabe und Interpretation von Informationen.

Positive Effekte starker Kulturen	
Rasche Entscheidungsfindung	Diese wird durch die gemeinsame Sprache und Praktiken sowie das geteilte Wertesystem unterstützt. Dadurch werden Entscheidungen oder tragfähige Kompromisse beschleunigt.
Zügige Implementation	Ein gemeinsames Verständnis oder Überzeugungen reduzieren den Reibungsverlust bei Entscheidungen. Unklarheiten reduzieren sich durch die Orientierung an fest etablierten Leitbildern.
Geringer formaler Kontrollaufwand	Wenn die Orientierungsmuster (fest) verinnerlicht sind, muss ihre Einhaltung nicht dauernd geprüft werden. Der formale Kontrollaufwand nimmt ab, und Kontrolle findet eher indirekt statt.
Motivation und Teamgeist	Das durch die Kultur entstehende gemeinsam geteilte Werteverständnis vermittelt Sinn und schafft Identität. Konsequenzen sind eine hohe Bereitschaft, sich für die Gruppe zu engagieren.
Stabilität	Starke Kulturen sorgen für soziale Geborgenheit und fördern das Selbstvertrauen. Dadurch reduzieren sie die Ängste der Mitglieder und stärken deren Bindung an die Gruppe.
Negative Effekte starker Kulturen	
Tendenz zur Abschottung	Tief verwurzelte Wertesysteme sowie fest verankerte Traditionen und Rituale fördern die Entwicklung eines geschlossenen Systems. Auf äußere Signale und Entwicklungen wird kaum oder gar nicht geachtet.
Abwertung neuer Orientierungen	Aufgrund der tief verankerten Wertesysteme besteht eine starke Abneigung gegenüber neuen Wertemustern, da diese die eigene Identität bedrohen. Dem eigenen Weltbild widersprechende Vorschläge erfahren Abwertung und Ausgrenzung.
Wandelbarrieren	Die positiven Effekte, die zu einer starken Kultur beitragen, können diese auch hemmen. Trotz ihrer Umsetzungsstärke bezüglich bekannter oder zumindest verwandter Ideen können neue Impulse bei ihrer Umsetzung Verzögerungen erfahren oder sogar scheitern, wenn dadurch Unsicherheit und Irritation bei und zwischen den Mitgliedern entstehen kann; dies erzeugt Angst sowie Abwehr. Unweigerlich kann ein stark verwurzeltes Kultursystem bei Neuem/Unbekannten zum Problem werden.
Fixierung auf traditionelle Erfolgsmuster	Starke Kulturen fördern eingefahrene Vorgehensweisen und Denkstile, wenn diese erfolgreich waren. Es entwickelt sich eine Art emotionale Bindung an diese. Neue Pläne oder Projekte können aufgrund ihrer traditionellen Erfolgsmuster oft nicht anschließen, da dies eines gewissen Maßes an Offenheit, Objektivität oder Kritikbereitschaft bedarf.
Kulturdenken	Es besteht die Neigung, kulturkonformes Verhalten zu erzwingen. Andere Meinungen oder Einwände werden zugunsten der vorherrschenden kulturellen Werte ignoriert. Das Erhalten des kulturellen Rahmens steht im Vordergrund.

Tab. 5: Positive und negative Effekte starker Kulturen

2.4 Ausformung von Kultur

Jede Kultur ist in eine andere (umfassendere) Kultur eingebettet. Deshalb kann sich die in die umfassendere Kultur eingebettete Kultur nur in dem Rahmen frei entfalten, den die umfassendere Kultur zulässt, d.h. in Abhängigkeit davon, was diese selbst leistet, erlaubt oder unterstützt (Schein u. Schein 2017, S. 147). Aus dem Blickwinkel der eingebetteten Kultur stellt die umfassendere Kultur eine sehr relevante Umwelt dar. Die jeweilige Kultur muss sich daher in ihrer Differenz zu dieser Umwelt betrachten. Änderungen in der Umwelt erfordern immer Anpassungsleistungen (Schreyögg 2008, S. 384). Somit ist Kultur offen (anfällig) für interne und externe Einflüsse, seien es politische, wirtschaftliche, soziale oder Einflüsse relevanter Anspruchsgruppen (Franken 2010, S. 203).

Für ein Verständnis von Kultur stellt sich daher zu Beginn die Frage, aus welcher Wirklichkeit heraus Kultur konstruiert wird. Für die hier angestrebte Darstellung wird das Konstrukt der sozialen Systeme als Ausgangspunkt genommen. Soziale Systeme sind Sinnsysteme, d.h., sie konstruieren und reproduzieren sich durch Sinn und grenzen sich durch Sinngrenzen von ihrer Umwelt ab (Luhmann 1984). Der (Fort-)Bestand eines sozialen Systems kann daher nur solange sichergestellt werden, wie es dem System möglich ist, alle sich darin vollziehenden Handlungen auf dieses Sinnkonstrukt zu beziehen (Reflexivität der Prozesse). Sinn zu vermitteln und umzusetzen ist – neben anderen Funktionen (Tab. 3) – die zentrale Kulturfunktion. Kultur kann somit als ein Aspekt eines Systems aufgefasst werden, das in seiner Ganzheit einzigartig ist. Sie ist systemtypisch und in anderen Systemen nicht in dieser Gestalt/Erscheinung vorhanden. Wie kein anderes Phänomen stellt Kultur Informationen bezüglich des Sinns zur Verfügung und ist damit ein *systemkonstituierendes Merkmal*. Die Funktion von Kultur für das System ist folglich (Klimecki u. Probst 1990, S. 52 f.):

- Transparenz von Sinn bereitzustellen
- Vermittlung von Sinn sicherzustellen, d.h. diesen im täglichen Miteinander erlebbar zu gestalten
- Schaffung einer Schnittstelle zwischen den Handlungen und der Sinnbasis im System, um den Mitgliedern Bezugsgrößen für ihre Handlungen zur Verfügung zu stellen.

Als emergentes Phänomen formt sich Kultur zwischen den Mitgliedern des Systems durch deren Interaktionen und Kommunikationen heraus und wird dadurch immer wieder erneuert (Franken 2010, S. 203). Welche Bedeutung einem Ereignis zugeschrieben oder wie dieses bewertet wird, hängt von der kulturellen Prägung des Systems ab, d. h. davon, durch welche Brille es auf die Welt schaut. Die Bedeutungszuschreibungen haben sich im Laufe der Zeit zufällig herausgebildet, sind deswegen allerdings nicht beliebig, und die Verhaltensweisen, die sich daraus herausgebildet haben, sind immer kontextspezifisch. Ohne den kulturellen Kontext kann der Sinngehalt von Verhaltensweisen einer Gruppe oder von deren Mitgliedern nicht erschlossen werden (Grubendorfer 2016, S. 25).

Kultur entsteht daher in einem (Gedanken-)Austausch zwischen den Mitgliedern. Entsteht dabei ein gemeinsames Verständnis, formt sich Kultur heraus. Jedoch kann dieser Prozess nicht erzwungen werden, er ist eigenen Wachstumsdynamiken ausgesetzt. Es besteht die Annahme der Nichtplanbarkeit, Nichtvorhersagbarkeit und Nichtlenkbarkeit der Art und Weise, wie sich Kultur ausgestalten soll. Kultur kann somit nicht vorgeschrieben werden im Sinne einer Input-Output-Beziehung. Vielmehr tragen die Interessen, Gefühle, Bedürfnisse und Wahrnehmungen der Mitglieder zu einer indirekten Steuerung der Kultur bei (Wien u. Franzke 2014, S. 179).

Für ein tieferes Verständnis, wie Kultur entsteht, Sinn konstruiert und sich manifestiert, eignen sich das *Dreiebenenmodell* nach Schein und das *Eisbergmodell* nach Hall:

- *Edgar H. Schein* kann als Vorreiter der heutigen Ansätze speziell zu Unternehmenskultur genannt werden. Mit seinem Dreiebenenmodell lässt sich der Kulturbegriff auf drei unterschiedlichen Ebenen analysieren, die ein Kontinuum abdecken: von der *obersten Ebene*, die fühlbar und sichtbar, also leicht zu beobachten ist, hin zur *tiefsten Ebene*, die die »*kulturelle* DNA« (Schein u. Schein 2017, S. 6) enthält, d. h. die Basisüberzeugungen einer Gruppe. Die *mittlere Ebene* beinhaltet die Werte, Normen sowie Standards und wird von den Mitgliedern herangezogen, um ihre Kultur gegenüber sich selbst und anderen darzustellen. Aus den Werten und Normen lassen sich implizite und explizite Erwartungen ableiten. Um ein Verständnis von Kultur zu erlangen, können zunächst die Ausprägungen an der Oberfläche betrachtet werden. Diese liefern Indizien und Interpretationen, die auf den Kern einer Kultur schließen lassen, letzteres aber nicht müssen (Schein u. Schein 2017, S. 14). Nach Schreyögg (2008, S. 376) liegt der Vorteil der Betrachtung einer Kultur mit dem Dreiebenenmodell in der Möglichkeit einer prozesshaften Erschließung – von der obersten zur untersten Ebene. Dieser ermöglicht eine Vertiefung des Verständnisses von Kultur und dient ihrer Rekonstruktion.

- *Edward T. Hall* verwendet für sein Verständnis von Kultur das Modell eines schwimmenden Eisbergs. Wie dieser umfasst sein Modell sichtbare und nicht sichtbare Elemente der Kultur; die sichtbaren Elemente beschreiben die nicht sichtbaren, werden aber von letzteren geleitet (Wien u. Franzke 2014, S. 40). Die *nicht sichtbaren Elemente* liegen wie bei einem Eisberg im Wasser unter der Oberfläche, sie sind unbewusst und entziehen sich einer bewussten Überprüfung. Sie spiegeln den voluminöseren (ge-*wichtigeren*) Teil – die Basisüberzeugungen – wider. *Sichtbar* sind die Artefakte und Verhaltensweisen, die zwar nur die Spitze darstellen, jedoch eine Fülle an Ausprägungsformen aufweisen können. Die Basisüberzeugungen dienen als Ausgangspunkt einer Kultur und haben den stärksten Einfluss auf die sichtbaren Verhaltensweisen der Mitglieder (Franken 2010, S. 213).

Abbildung 2 illustriert diese Zusammenhänge und kombiniert die Modelle von Schein und Hall (Wien u. Franzke 2014, S. 41; Sackmann 2004, S. 25).

Wie anhand der vorherigen Ausführungen und in Abbildung 2 ersichtlich ist, formt Kultur einen sichtbaren Teil aus, der, bildlich gesprochen, auf der Wasseroberfläche schwimmt, jedoch befindet sich der weitaus größere (ge-*wichtigere*) Teil unterhalb der Wasseroberfläche. Je nachdem, wie stark sich das Wasser bewegt, z. B. in konfliktreichen, ambivalenten oder emotional überlagerten Situationen, werden verdeckte Bereiche teilweise sichtbar, auf die sich die Mitglieder dann (un)bewusst berufen. Aus diesem wechselseitigen Zusammenspiel formt sich ein gemeinsames Muster, was Kultur beschreibt. Folgende drei Ebenen werden in diesem Buch unterschieden:

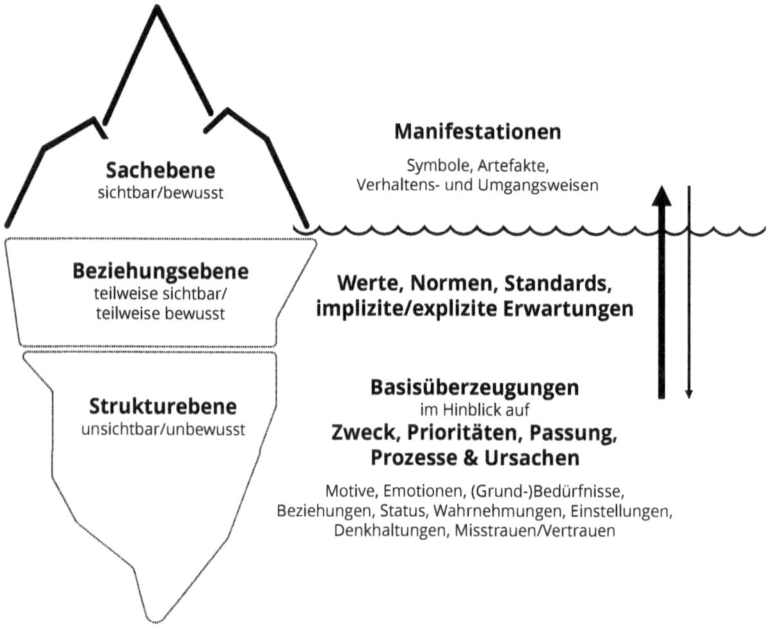

Abb. 2: Kombiniertes Eisberg- und Dreiebenenmodell der Kultur

- *Sachebene:* sichtbar und bewusst, repräsentiert durch Symbole, Artefakte, Verhaltensweisen, Kommunikation usw., leicht zu beobachten, aber interpretationsbedürftig, umfasst die Symptome einer Kultur
- *Beziehungsebene:* teilweise sichtbar und teilweise bewusst, dient der Handlungsorientierung und beinhaltet die geteilten Werte, Normen, Standards sowie implizite und explizite Erwartungen
- *Strukturebene:* unsichtbar und unbewusst, bildet von den Mitgliedern nicht hinterfragte Basisüberzeugungen eines Systems ab.

Die Sachebene kann als die Manifestation der beiden anderen Ebenen aufgefasst werden. Sie ist relativ leicht zu erheben, z. B. mittels Beobachtung oder Artefaktanalyse, gleichwohl sagt sie nicht unbedingt etwas über die *wirkliche* Kultur aus. Die anderen beiden Ebenen sind schwerer zu erfassen. Für die Mitglieder sind sie quasi selbstverständlich, für Außenstehende aber nur schwer zu beobachten (Franken 2010, S. 219).

Zwischen den drei Ebenen[7] besteht eine dynamisch wechselseitige Beziehung. So sind die Ebenen nicht als starr anzusehen, sondern können Änderungen unterworfen sein. Beispielsweise beeinflusst der gesellschaftliche Wertewandel die Basisüberzeugungen einer Kultur, was wiederum einen Einfluss auf das Werteverständnis innerhalb des Systems entfalten kann. Änderungen verlaufen dabei aber nicht nur »bottom-up«, sondern können sich auch »top-down« vollziehen. Neue Rituale oder Symbole können auf der zweiten Ebene zu Wert- und Normänderungen führen, die dann auf der dritten Ebene eine Reflexion und Anpassung der Basisüberzeugungen in Gang setzen können (Franken 2010, S. 212).

Allerdings haben die Strukturebene und die dort abgebildeten Basisüberzeugungen einen viel gewichtigeren Einfluss. Änderungen, die dort stattfinden, materialisieren sich viel schneller via Wertanpassungen auf der Sachebene als andersherum. Dieser Aspekt ist besonders bei Kultur(änderungs)prozessen zu berücksichtigen. Soll etwa die Familienstrategie in Unternehmerfamilien angepasst oder neu eingeführt werden, müssen zwingend alle drei Ebenen (und vor allem die Strukturebene) Berücksichtigung finden. Jedes Mitglied der Unternehmerfamilie ist hier relevant. Wird die Familienstrategie nicht von der überwiegenden Zahl der Mitglieder getragen und gelebt oder findet sich diese nicht in den Werten wieder, wird sie scheitern.[8]

Ebenso müssen kulturelle Phänomene immer in den historischen Kontext bzw. in die historische Entwicklungsgeschichte des Systems eingebettet werden (Tab. 2). Kultur ist ein Resultat der Lernprozesse und stellt einen Wissensvorrat des Systems dar, der einen Einblick in die Entwicklungsgeschichte des Systems ermöglicht. Gerade Dinge sowie Denk- und Handlungsweisen, die sich in der Vergangenheit bewährt haben, verankern sich in der Kultur, selbst wenn ein Rückschluss auf das konkrete Ereignis nicht mehr rekonstruiert werden kann. Kultur entwickelt sich auf Basis der Geschichte des Systems und prägt dieses nicht nur kognitiv, sondern vor allem emotional. Sie ist ein Identitätslieferant und trägt zur Reduktion von Unsicherheiten bei (Hoffmann 2017, S. 28). So wird die Familiengeschichte von Unternehmerfamilien oftmals durch ein unter-

---

7 Mit Ebene wird »der Grad der Sichtbarkeit eines kulturellen Phänomens für Teilnehmer oder Beobachter bezeichnet« (Schein u. Schein 2017, S. 14).

8 Eine ganzheitliche Perspektive stellt das Wittener Modell der Familienstrategieentwicklung bereit (Rüsen, von Schlippe u. Groth 2022).

nehmerisches Selbstverständnis geprägt. Anders formuliert, sind Unternehmerfamilien durch eine tiefe Verwurzelung ihres unternehmerischen Selbstverständnisses in ihrer Familiengeschichte gekennzeichnet (Grubendorfer 2016, S. 101). Kultur und Identität eines Familienunternehmens werden jedoch nicht nur durch die jeweilige Entstehungsgeschichte determiniert, sondern auch durch die Geschichte ihrer Gründer und die entstehenden Mythen, die oftmals generationenübergreifend weitergetragen werden (Siefer 1996, S. 64). Durch die Kopplung finden diese ihrerseits Einzug in das kulturelle Gedächtnis der Unternehmerfamilie und prägen deren Basisüberzeugungen.

Diese Ausführungen haben deutlich gemacht, dass Kultur nicht einfach durch (einflussreiche) Mitglieder einer Gruppe, z. B. durch das Management einer Organisation, verordnet oder implementiert werden kann. Kultur entsteht innerhalb einer Gemeinschaft als ein emergentes kollektives Phänomen und ist infolgedessen von einer engagierten Teilnahme aller Mitglieder/Kulturträger abhängig. Kultur existiert nicht auf dem Papier, sei es in Form einer Philosophie oder Mission. Sie entsteht erst durch die Interaktion zwischen den Menschen und wird durch die Denk- und Handlungsweisen der Mitglieder präsent (Franken 2010, S. 209). Sozialisationsprozesse dienen der Vermittlung (Tab. 2). Kultur wird unbewusst erlernt, in einem interaktiven Austausch mittels Beobachtung und Imitation, wobei Rituale und Praktiken unterstützend wirken. Sie ist daher dynamisch (Hoffmann 2017, S. 28) und vollzieht sich permanent und ungeplant; es ist ein permanenter sozialer Prozess (Kleve 2020a, S. 18 f.). Vor allem implizite Erwartungen dienen der Weitergabe, da den Beteiligten häufig nicht bewusst/bekannt ist, welche Verhaltensweisen in einer konkreten Situation von ihnen erwartet werden (Grubendorfer 2016, S. 23).

Im Anschluss wird vertiefend auf die Besonderheiten der Sach-, Beziehungs- und Strukturebene eingegangen.

2.4.1 Sachebene

Die Sachebene stellt den sichtbarsten Teil einer Kultur dar und ist mittels der jeweiligen kulturellen Manifestationen am leichtesten zugänglich. Zu *den sichtbaren (expliziten) Elementen der Sachebene* zählen (Sackmann 2017; Wien u. Franzke 2014; Schreyögg 2008):

- verbale Verhaltensweisen (Jargon, Sprache, Umgangston, Begrüßungs- und Anredeformen)

- nonverbale Verhaltensweisen (Mimik, Gestik, Riten oder Feiern)
- Architektur (Firmengebäude, Logofarbe, Gruppen-/Statussymbole, Ausstattung der Büroräumlichkeiten)
- verwendete Technologie und angebotene Produkte
- Stil (Kleidung, Verhaltensweisen, Ausmaß von Gefühlsregungen)
- erzählte Legenden, Mythen und Geschichten über die Gruppe
- beobachtbare Rituale und Routinen oder öffentlich zugängliche Werte (Aufnahme-, Abschieds-, Übergangs- oder Konfliktlösungsriten, Betriebsfeiern, Meetingabläufe, Veranstaltungsorganisation)
- strukturelle Elemente (Satzungen, formale Beschreibungen)
- formale Regeln (Richtlinien, [Qualitäts-]Standards, Arbeitszeit- und Urlaubsregelungen).

Wie ersichtlich, inkludieren die Manifestationen sichtbare und erlebbare Symbole, Artefakte, Verhaltensweisen, Umgangsformen, Riten usw. Diese repräsentieren auf der sichtbaren Ebene die wenig bewussten Annahmen, Wertvorstellungen und Interpretationsmuster der anderen Ebenen. Ihre Aufgabe ist auch darin zu sehen, die wenig bewussten Elemente immer wieder ins Bewusstsein der Mitglieder zu rufen, z. B. wenn neue Mitglieder in die Gruppe eintreten. Aus diesem Grund ist es wichtig, die Manifestationen im Zusammenspiel mit den nur teilweise sichtbaren Wertvorstellungen zu betrachten (Schreyögg 2008, S. 367). Obwohl diese Ebene leicht zu beobachten ist, ist die Entschlüsselung der Bedeutungszuschreibung der Mitglieder für einen Beobachter kein leichtes bzw. ein unmögliches Unterfangen. Daher wird davon abgeraten, valide Aussagen über eine Kultur nur aufgrund der Manifestationen zu tätigen. Die eigenen Interpretationen werden hier unweigerlich Projektionen des eigenen kulturellen Hintergrunds sein. Die Bedeutung kann erst erschlossen werden, wenn

- Mitglieder befragt werden,
- der Beobachter selbst in dem Kontext lebt (Schein u. Schein 2017, S. 14 f.) oder
- ein Verständnis der tieferen Ebenen, d. h. der Werte und Basisüberzeugungen, gewonnen wurde (Franken 2010, S. 210 f.).

Ein erstes Eintauchen in die Kultur von Unternehmerfamilien kann das Studium der historischen Entwicklung bewirken, die Sichtung von Dokumenten, die teilnehmende Beobachtung von Meetings, Feiern usw., aber auch Einzel- und Gruppeninterviews.

Vor allem Legenden, Geschichten sowie Erzählungen nehmen einen sehr wichtigen Platz auf der Sachebene ein, wenn diese wiederholt und andauernd in Unternehmerfamilien erzählt werden. Sie liefern eine Fülle von Hinweisen auf die zugrunde liegenden Wertesysteme (Schreyögg 2008, S. 368 ff.). Vor allem in Unternehmerfamilien erschaffen Geschichten und Erzählungen einen Handlungs- und Orientierungsrahmen, der zur Bewältigung von Unsicherheit beiträgt. Nachfolgegenerationen wissen z. B. wie etwa die Vorgängergeneration gehandelt oder sich orientiert hätte (von Schlippe u. Groth 2007, S. 42). Dabei können Geschichten vielfältige Inhalte behandeln: Firmengründung, Wechsel an der Führungsspitze, Todesfälle oder ungerechte Behandlung von Mitgliedern. Die Adressaten der Erzählungen sind nicht nur (neue) Mitglieder, es können ebenso externe Anspruchsgruppen in den Genuss gruppeninterner Geschichten kommen.

Geschichten und Erzählungen vermitteln indirekt einprägsam, wie die Unternehmerfamilie tickt (Schreyögg 2008, S. 368), und dienen gerade in Unternehmerfamilien dazu, die unternehmerischen Tätigkeiten zu transportieren, indem sie über (Miss-)Erfolge, deren Umsetzung oder Strapazen berichten. Erzählungen der unternehmerischen Tätigkeiten vorheriger Generationen werden in Unternehmerfamilien im »Familiengedächtnis« (Stamm 2018, S. 71) aufbewahrt. Dieses ist in den Basisüberzeugungen kulturell verankert. Erzählungen und Geschichten erfüllen in Unternehmerfamilien daher häufig eine Stabilisierungsfunktion im Hinblick auf die Wirklichkeit, indem

- diese mit Sinn angereichert wird,
- die Identifizierung mit der Unternehmerfamilie gefestigt wird (von Schlippe u. Groth 2007, S. 29),
- sie implizite Erwartungen transportieren (Keßler, Frank u. von Schlippe 2018, S. 177) und
- Resilienz innerhalb der Unternehmerfamilien fördern (Kap. 3.5).

2.4.2 Beziehungsebene

Die Beziehungsebene umfasst die Werte, Normen, Standards sowie implizite und explizite Erwartungen, die sich von den Basisüberzeugungen ableiten. Die Beziehungsebene prägt die Meinung der Mitglieder darüber, wie etwas sein sollte, und nicht darüber, wie es wirklich ist (Schein u. Schein 2017, S. 15).

Werte dienen dabei als Richtschnur, was in der Gruppe als gut oder schlecht angesehen wird. Für jedes Mitglied ist damit ein Abgleich bzw. eine (Be-)Wertung möglich, inwieweit die eigenen Vorstellungen und Ansichten den Gruppenanforderungen entsprechen (Wien u. Franzke 2014, S. 15). Werte bilden somit die Haltungen der Mitglieder ab und liefern dem einzelnen Mitglied eine Vorstellung darüber, was innerhalb der Gruppe als erstrebenswert und gut angesehen wird (Rüttinger u. Sauer 2016, S. 86). Bei Unternehmerfamilien zeigen sich auf der Beziehungsebene wertgeladene Bewertungs- und Entscheidungsprämissen u. a. im Hinblick auf (Rüsen, von Schlippe u. Gimeno 2017, S. 51):

- die Ansicht über eine gute Führung des Unternehmens
- die zugedachte Rolle der Familienmitglieder in Unternehmen oder Eigentümerkreis
- den sinnvollen Umgang mit dem Vermögen der Familie
- die (erwarteten) Verhaltensweisen gegenüber den Mitgliedern
- den erwarteten Ansatz zur Erziehung.

Normen und *Standards* leiten sich von den Werten ab und können als Regeln/Vorschriften aufgefasst werden, die das Verhalten steuern bzw. verhaltensbestimmend wirken, um zu einem konsistenten Verhalten zu führen. Im Detail zählen zu Normen und Standards alle Orientierungsmuster, die nicht formell geregelten Bereichen zugeordnet werden können oder tatsächlich als die offiziellen Orientierungsmuster eingehalten werden sollen (Schreyögg 2008, S. 369). Normen und Standards können wie folgt unterschieden werden:

- *Normen:* Regeln/Vorschriften, die unter bestimmten Voraussetzungen einzuhalten sind
- *Standards:* Regeln/Vorschriften, die unter allen Umständen einzuhalten sind.

Aufgrund ihres teilweise hohen Abstraktionsniveaus sind Standards vielfach interpretationsbedürftig und bestimmen daher die Verhaltensweisen nicht so eindeutig wie Normen (Rüttinger u. Sauer 2016, S. 86). Normen konkretisieren das innerhalb der Gruppe erwünschte Verhalten mittels daraus abgeleiteter impliziter oder expliziter Erwartungen

(Wien u. Franzke 2014, S. 15). Augenscheinlich werden Normen und Standards z. B. in Empfehlungen und Leitbildern/-fäden (Hoffmann 2017, S. 28 f.); diese inkludieren Maximen und Verbote bzw. Gebote, die von den Mitgliedern (un)bewusst geteilt, akzeptiert und gelebt werden (Wien u. Franzke 2014, S. 29). Gleiches gilt für ungeschriebene Richtlinien im Hinblick auf Verhaltensweisen und Verbote, die einen impliziten Charakter aufweisen (Schreyögg 2008, S. 368).

In Unternehmerfamilien fallen unter Leitfäden z. B. die *Familienverfassung, -charta oder -kodex*. Die dokumentierten Inhalte dienen den Familienmitgliedern als Orientierung in Bezug auf die Regelung von wesentlichen Kernfragen, wie z. B. die Auskunft bezüglich der Werthaltungen innerhalb der Unternehmerfamilie sowie die (Verhaltens-)Erwartungen zwischen den Mitgliedern (Rüsen, Kleve u. von Schlippe 2021, S. 130). Eine Familienverfassung ist des Weiteren ein Regelwerk, das die Beziehung zwischen der Familie und dem Unternehmen gestaltet; im Detail zu Eigentumsfragen, finanziellen sowie arbeitstechnischen Fragestellungen und der (Gestaltung der) Nachfolge (Gimeno, Baulenas u. Coma-Cros 2010, S. 37 f.). In diesem Zusammenhang spielen auch *Syndikatsverträge* zwischen den Mitgliedern von Unternehmerfamilien eine wesentliche Rolle. Aufgrund ihrer rechtlichen Verbindlichkeit haben diese, vor allem in Konfliktfällen, eine höhere Orientierungs- sowie Durchschlagskraft.

Normen und Standards verführen indes schnell dazu, aus ihnen *Führungsgrundsätze* abzuleiten. Somit wird versucht, die latent vorhandenen Orientierungsmuster in einen offiziellen Rahmen zu stellen. Bei Führungsgrundsätzen handelt es sich meistens um Idealvorstellung oder Leitbilder, die kaum Überschneidungspunkte mit der gelebten Kultur haben, also eher um Wunschbilder. Eine Gleichsetzung von Leitbildern mit der real vorgefundenen Kultur ist daher verfehlt. Eher kann von einer Art Intervention gesprochen werden. Normen und Standards könnten auch zu einer moralischen Beurteilung verleiten. Die ethische und die kulturelle Perspektive sollten jedoch scharf getrennt werden (Schreyögg u. Geiger 2016, S. 325).

Zusammenfassend stellt die Beziehungsebene als Ganzes der Sachebene Sinn zur Verfügung. Langjährige Mitglieder können herangezogen werden, um hier Auskunft über Werte, Normen, Standards und Erwartungen zu erteilen, obwohl diese ihnen selbst nicht immer bewusst sind (Franken 2010, S. 210 f.). Dabei stehen Werte, Normen, Standards und Erwartungen in einem Zusammenhang und dürfen nicht isoliert betrachtet werden. Im Vergleich zu den Manifestationen der Sachebene ist ihre Sichtbarkeit deutlich reduziert und werden sie weniger reflektiert. Allerdings kann es auf der Beziehungsebene aufgrund der möglichen Abstraktheit der gewählten Werte zu einem Widerspruch kommen. Bei der Analyse muss daher unterschieden werden zwischen Werten,

- welche die Basisüberzeugungen widerspiegeln und die leistungsfördernd wirken,
- die eher der Ideologie oder Philosophie der Gruppe entsprechen,
- die Rationalisierungen oder zukünftigen Plänen entsprechen.

Hierdurch entsteht ein Widerspruch zwischen erwünschtem und beobachtetem Verhalten. Aus diesem Grund können Werte oftmals keinen (direkten) Beitrag für die Erklärung des Verhaltens leisten. Um die Verhaltensweise erfassen zu können, ist ein Verständnis der Basisüberzeugungen auf der Strukturebene notwendig (Schein u. Schein 2017, S. 15 ff.).

2.4.3 Strukturebene

Die Strukturebene umfasst die Basisüberzeugungen einer Gruppe. Diese haben sich hinlänglich bewehrt und vermitteln den Systemmitgliedern die dem System entsprechende Art und Weise der Wahrnehmung sowie Orientierung, wie bzw. wonach die Mitglieder ihre Denk- und Handlungsweisen ausrichten sollen (Klimecki u. Probst 1990, S. 42). Die Basisüberzeugungen bilden somit auch das Fundament, die Weltanschauung einer Unternehmerfamilie und können als grundlegende Orientierungs- und Verhaltensmuster aufgefasst werden. Sie prägen die menschliche Wahrnehmung sowie die Handlungen innerhalb einer Kultur.

Die Basisüberzeugungen sind unbewusst, werden nicht infrage gestellt und bedürfen keiner direkten Reflexion. Sie sind normaler Bestandteil des Alltagshandelns (Wien u. Franzke 2014, S. 29). Die Strukturebene erklärt die beiden anderen Ebenen, hat bedeutenden Einfluss auf die Kultur und ihren Ursprung häufig in einer Gründerpersönlichkeit.

Problemlösungen, die wiederholt erfolgreich sind bzw. erfolgreich umgesetzt wurden, werden mit der Zeit als Selbstverständlichkeit angesehen. Waren diese vielleicht zunächst Annahmen oder

Ahnungen, werden sie zunehmend als real angesehen; dadurch finden sie Einzug in die Basisüberzeugungen. Eine Abweichung oder Variation der Problemlösungen wird in einer Gruppe, die tief in den Basisüberzeugungen verwurzelt ist, undenkbar. Die verwurzelten Überzeugungen bestimmen das tatsächlich vorzufindende Verhalten der Gruppe, da sie für die Mitglieder definieren, was diese fühlen oder denken sollen. Eine Neubewertung der Basisüberzeugungen destabilisiert die Gruppe unweigerlich und verursacht Angst (Schein u. Schein 2017, S. 18).

Somit rücken die Basisüberzeugungen im Zeitverlauf zunehmend ins Unterbewusstsein, d. h., sie werden nicht mehr bewusst angewendet, sondern als Selbstverständlichkeit angesehen. Jedoch beeinflussen sie die Art und Weise, wie die von der Gruppe als bedeutungsvoll kommunizierten Werte im täglichen Miteinander gelebt werden (Sackmann 2004, S. 26) und entfalten eine hohe Verbindlichkeit. Die Basisüberzeugungen spiegeln somit die Wahrheit der Mitglieder wider, die sich entlang einer Entwicklungsgeschichte herausgebildet hat (Hoffmann 2017, S. 28 f.), aber auch wesentlich und primär unbewusst durch die Umwelt geformt wird. Haben sie sich erst einmal kollektiv verfestigt, werden zukünftige Mitglieder entsprechend diesen Überzeugungen ausgewählt, und man erwartet von ihnen die Realisierung dieser Überzeugungen (Sackmann 2004, S. 26 ff.). Die Basisüberzeugungen unterstützen die Mitglieder bei der Frage,

- worauf zu achten ist,
- welche Bedeutung Dingen zugeschrieben wird,
- wie emotional auf Dinge reagiert werden soll und
- welche Verhaltensweisen in unterschiedlichen Situationen erwünscht sind.

Wichtig ist zu verstehen, dass sich die Basisüberzeugungen auf grundlegende Aspekte des Lebens beziehen. Sie adressieren die menschliche Natur, das Wesen der Wahrheit oder geben vor, wie mit sich selbst und seinem Umfeld umgehen ist (Schein u. Schein 2017, S. 18 ff.). Sie bilden das Herz einer Kultur. Im Vergleich zu Schein[9] identifiziert

9 Die Basisüberzeugungen ordnet Schein (1985, p. 85–111) vor dem Hintergrund der kulturvergleichenden Studie von Kluckhohn und Strodtbeck (1961). Er identifiziert *fünf Paradigmen, die die Basisüberzeugungen einer Kultur formen:* 1) Die Beziehung des Menschen zur Natur, 2) Die Beschaffenheit der Wirklichkeit und der Wahrheit, 3) Die Beschaffenheit der menschlichen Natur, 4) Die Beschaffenheit der menschlichen Tätigkeit, 5) Die Beschaffenheit der menschlichen Beziehungen (Schein 1985, p. 86; Übers. d. Verf.). Siehe auch Schein und Schein (2017, S. 67 ff.) sowie Schreyögg und Geiger (2016, S. 325).

Sackmann (2017, S. 54) folgende *fünf Basisüberzeugungen als Kern der Strukturebene:*

1) *Der Zweck der Existenz:* Wieso existiert die Unternehmerfamilie? Beispielsweise zur Sicherung und Fortführung des unternehmerischen Erbes und der Familientradition.
2) *Passung des Menschtypus:* Wer passt (nicht) zur Unternehmerfamilie?
   Beispielsweise nur Mitglieder, die Eigentum/Eigentumsteile am Unternehmen aufweisen.
3) *Prioritäten der Gruppe:* Worauf legt die Unternehmerfamilie ihren Fokus? Was ist ihr wichtig?
   Beispielsweise der treuhänderische Umgang mit den Eigentumsanteilen am Unternehmen.
4) *Richtige Prozesse und Praktiken:* Welche Prozesse und Praktiken werden aus der Sicht der Unternehmerfamilie als *richtig* angesehen?
   Beispielsweise die Praktik, dass Mitglieder der Unternehmerfamilie nicht operativ im Unternehmen arbeiten, sondern sich auf ihre Eigentümerrolle konzentrieren.
5) *Klärung von Ursachen:* Warum sind die Dinge so, wie sie in der Unternehmerfamilie sind?
   Beispielsweise aufgrund einer über Generationen verfolgten Erbregelung.

Zweck (Pkt. 1) und *Menschtypus* (Pkt. 2) können als zwei Grundpfeiler der Basisüberzeugungen angesehen werden, die die Art des Designs und der Strategie einer Gruppe sowie die inhaltliche Ausformung der *Prozesse und Praktiken* (Pkt. 4) beeinflussen. Letztere geben Auskunft darüber, wie Arbeiten weitgefasst erledigt werden. Im Rahmen der Arbeitsorganisation wird darunter verstanden,

- wie sich der Umgang zwischen den Mitgliedern und externen Anspruchsgruppen gestaltet,
- wie anpassungsfähig die Unternehmerfamilie an Veränderungen ist und
- wie die Weiterentwicklung innerhalb der Unternehmerfamilie und damit das Gruppenlernen vorangetrieben wird.

Dabei dürfen die Basisüberzeugungen nicht isoliert betrachtet werden. Sie stehen in einem wechselseitigen Verhältnis, sind ineinander verwoben und lassen erst durch ihr Zusammenspiel eine Art Muster entstehen. Soll daher ein Verständnis bezüglich einer Kultur generiert werden, ist es erforderlich, ausgehend von den dargestellten Basisüberzeugungen die Gesamtheit einer Unternehmerfamilie, d.h. deren Blick auf die Welt, zu erfassen (Schreyögg 2008, S. 372). Dennoch oder gerade, weil die Basisüberzeugungen nicht mehr bewusst wahrgenommen werden, entfalten sie ein hohes Maß an Stabilität (Tab. 5) und dienen der Unternehmerfamilie als Ressource für Unternehmungen sowie zur Weiterentwicklung ihrer Kultur. Wie bereits geschildert, spiegeln die Basisüberzeugungen die kulturelle DNA einer Unternehmerfamilie bzw. einer Gruppe wider (Schein u. Schein 2017, S. 6).

Aufgrund ihres unbewussten und impliziten Charakters sind Basisüberzeugungen nicht leicht wahrzunehmen und schwer zugänglich. Einmal vorhanden und verwurzelt, können sie in Kombination mit Artefakten, Gefühlen und (non)verbalem Verhalten nur sehr schwer verändert werden. Alle fünf Komponenten müssen nämlich vor dem Hintergrund ihrer Manifestationen und Ausprägungen betrachtet werden. Für einen Wandel von Kultur auf dieser Ebene wären eine gravierende Irritation, eine intensive Auseinandersetzung, andauernde Kommunikation und das Aufstemmen stabiler Muster notwendig (Sackmann 2017, S. 56 f.).

Irritationen können in Unternehmerfamilien durch Konflikte entstehen, die wiederum je nach Ausmaß sehr tiefgreifend/gravierend sein können. Aufgrund der Kopplung der Subsysteme sind in Unternehmerfamilien folgende Konflikte sowie Ursachen, die den Ausgangspunkt für Konflikte darstellen, sehr wahrscheinlich (Kormann 2011, S. 394 ff.):

- sachliche Konflikte (Beurteilungs-, Bewertungs-, Ziel- und Verteilungskonflikte)
- Beziehungskonflikte
- strukturelle Ungleichheiten
- Unsicherheit, Ängste, Misstrauen
- kommunikative Diskrepanzen.

Auch eine Nachfolge innerhalb eines Familienunternehmens macht Konflikte zwischen den Generationen nicht nur sehr wahrscheinlich, sondern bedingt oftmals einen Kulturwandel innerhalb des Unternehmens, gerade wenn die nachfolgende Generation ein anderes

Führungs-/Werteverständnis besitzt und implementieren möchte. Versucht die Nachfolgegeneration, z. B. manche Führungsaufgaben an die Mitarbeiter zu delegieren, so können die Mitarbeiter dies als Schwäche empfinden (Domayer u. Vater 1995, S. 153), da sie eine andere Führungskultur gewohnt sind, die sich in den Basisüberzeugungen verankert hat. Eine Änderung durch die neue Generation benötigt Zeit, oftmals Kraft sowie Energie und kann mit personellen Wechseln verbunden sein. Basisüberzeugungen bestehen somit unabhängig von den handelnden Menschen (z. B. des Altunternehmers) fort (Hoffmann 2017, S. 28 f.). Zusammenfassend können die Basisüberzeugungen wie folgt charakterisiert werden (Sackmann 2017, S. 54 f.):

- Es ist nur ein indirekter Zugang zu den Basisüberzeugungen möglich.
- Einmal gelernt und internalisiert, wandern sie ins Unterbewusstsein der Unternehmerfamilie/Mitglieder und entfalten dort ihre Sinnfunktion.
- Sie basieren auf Lernprozessen und verkörpern den Erfahrungsschatz einer Unternehmerfamilie.
- Durch Wiederholung verwurzeln sie sich emotional und werden zur Gewohnheit.
- Im Zeitverlauf entsteht aus ihnen eine Wissensbasis.

2.5 Entstehung und Charakteristika von Subkulturen

Je größer das System, desto wahrscheinlicher ist die Herausbildung von Subkulturen, da sich wachsende Gruppen unweigerlich differenzieren müssen, um handlungsfähig zu bleiben. Durch das Wachstum der Unternehmerfamilie, welches meist mit dem Wachstum des Unternehmens einhergeht sowie die Herausbildung des Eigentümersystems bedingt, steigt unvermeidlich deren Komplexität. Die Kernfamilien sind der Erfordernis ausgesetzt, formale Strukturen zu etablieren, um den Umgang mit der aufkommenden Komplexität zu meistern. Dazu müssen sich die verschiedenen Kernfamilien ab einem bestimmten Komplexitätslevel organisieren und auf der Ebene der Unternehmerfamilie eine Organisation werden (Kap. 1). In Tabelle 6 werden zunächst allgemeine Auswirkungen dargestellt, die

die Kultur und die Dynamiken beeinflussen, wenn die Unternehmerfamilie wächst (Schein u. Schein 2017, S. 170 ff.).[10]

Auswirkung	Beschreibung
Verlust der direkten und persönlichen Kommunikation und Bekanntheit	Durch das Wachstum wird es für das einzelne Mitglied zunehmend schwieriger, alle anderen persönlich zu kennen und mit ihnen zu interagieren. Die Mitglieder sind räumlich zunehmend voneinander getrennt. Dies führt zu einem Bedeutungsgewinn von elektronischer Kommunikation. Vollzieht sich dies primär auf geschriebene Nachrichten, so gehen die Emotionen in der Kommunikation verloren.
Familiäre Vertrautheit verwässert	Durch den Anstieg an Mitgliedern haben immer weniger einen Überblick, was die anderen Mitglieder machen und mit wem sie in Interaktion und Kommunikation treten. Die Vertrautheit und somit das Wissen, was voneinander erwartet werden kann, reduzieren sich. Die anderen Mitglieder werden zu Namen und zugeschriebenen Rollen, deren Verhalten und Verlässlichkeit nicht immer absehbar ist. Die Beziehungen wandeln sich zunehmend zu Vertragsbeziehungen, die die Unpersönlichkeit noch fördern. Aus den Vertragsbeziehungen entwickeln sich tätigkeitsbezogene Profile für die unterschiedlichen Rollen, die durch Verfahrensregeln koordiniert werden. Hierdurch steigert sich die Komplexität und die Bürokratie, die zunehmend als Herausforderung wahrgenommen wird.
Veränderung der Koordinationsmethoden	Koordination findet nicht mehr zwischen den einzelnen Mitgliedern statt, sondern zwischen Mitgliedergruppen (Stämmen/Kernfamilien). Die Kommunikationsprozesse werden dadurch formeller und unpersönlicher.
Standardisierungsdruck wächst	Da der Koordinationsaufwand steigt, erhöht sich die Notwendigkeit der Vereinheitlichung, sodass auf die individuellen Bedürfnisse der Kernfamilien oder einzelner Mitglieder immer weniger eingegangen werden kann.
Wesen der Verantwortlichkeit ändert sich	Die Auffassung, was unter Verantwortung zu verstehen ist, ändert sich dahingehend, dass der Fokus zunehmend auf Zahlen, Daten und Fakten gerichtet wird. Diese müssen stimmen. Der Grund für Abweichungen tritt in den Hintergrund. Dies kann zu einer reduzierten Fokussierung auf die Bedürfnisse der einzelnen Mitglieder führen.
Strategischer Fokus wird schwieriger	Das Wachstum bedingt einen zahlenmäßigen Anstieg an Familienmitgliedern und eine ungleiche Aufteilung der Eigentümeranteile. Die Gleichbehandlung der Kernfamilien oder Stämme wird bei der Entscheidungsfindung und der Verteilung der verfügbaren Ressourcen zunehmend schwieriger.

10 Schein und Schein (2017, S. 170 ff.) formulieren dies für Organisationen; dies wird hier auf die Unternehmerfamilie übertragen.

Auswirkung	Beschreibung
Rolle zentraler Funktionen und Dienstleistungen wird kontroverser	Wachstumsbedingt stellt sich die Frage, ob alle Kernfamilien ihre eigenen Ansprüche geltend machen sollen oder eine Zentralisierung vorteilhafter ist. Es muss entschieden werden, welche Entscheidungen davon betroffen sind und wie die Schnittstelle zu den Kernfamilien gestaltet werden soll. Hieraus kann ein komplexes systemisches Dilemma erwachsen.
Familiengefühl geht verloren	Kleine Einheiten fördern das Gefühl (oder die Illusion) einer familiären Gemeinschaft. Mit steigendem Wachstum tritt eine zunehmende Verfremdung ein. Die Identifizierung mit jedem Mitglied wird zunehmend schwieriger. Unternehmerfamilien haben zwar einen gemeinsamen Ursprung in einer oder mehreren Kernfamilien und sind durch Eigentum verbunden, jedoch können sie sich nicht vor einer Erosion der familiären Bindungskräfte schützen.
Gemeinsame Kultur ist schwer aufrechtzuerhalten	Vor allem bei wachsenden Unternehmerfamilien gewinnt die Kultur zunehmend an Bedeutung, da eine Ausdifferenzierung unterschiedlicher Einheiten und Subkulturen unvermeidlich ist. Die primäre Aufgabe von Kultur ist dann die Gestaltung des Umgangs mit diesen Subkulturen.

Tab. 6: Auswirkungen von Wachstum auf die Unternehmerfamilie

Durch die steigende Komplexität von Unternehmerfamilien erhöhen sich unweigerlich die Ansprüche an das Management der Beziehungen zwischen den Mitgliedern (Korunka u. Fuetsch 2018, S. 166). Denn der zahlenmäßige Anstieg der Mitglieder erschwert die zentrale Koordination aller Aktivitäten zunehmend. Hieraus entsteht zwangsläufig die Notwendigkeit einer *vertikalen und horizontalen Differenzierung*, z. B. durch die Etablierung unterschiedlicher Hierarchieebenen (Gremien, Ausschüsse, Familienrat usw.), damit die Zuständigkeitsbereiche sinnvoll gerahmt werden können und die Unternehmerfamilie handlungsfähig bleibt, wobei »sinnvoll« sehr individuell und system-/gruppenspezifisch ist.

Durch die (notwendige) Differenzierung entstehen unweigerlich Subkulturen, da jede Ebene ihre eigenen Annahmen entwickelt (Schein u. Schein 2017, S. 179 f.). Subkulturen können aber auch anhand der Funktionen, der Dauer der Zugehörigkeit, der Hierarchieebene, des Geschlechts, der ethnischen Zugehörigkeit usw. differenziert werden (Sackmann 2017, S. 67). Jede Differenzierung wird eine andere Subkultur hervorbringen, da sich darin unterschiedliche Annahmen entwickeln werden, die auf der Ebene der Unternehmerfamilie mittels ihrer Kultur verarbeitet und ausgeglichen werden müssen.

Generell unterliegen Subkulturen der gleichen Entwicklungs- und Aufbaulogik wie die Gesamtkultur. Sie formen zwar in einem gewissen Ausmaß eigene Vorstellungen bezüglich ihrer Werte, Standards oder Symbolik aus, allerdings muss eine Überschneidung einiger Elemente zur Gesamtkultur vorherrschen, um von einer Subkultur sprechen zu können. Subkulturen können sich nicht selbst koordinieren. Dies muss von der Gesamtkultur geleistet werden. Inwieweit es sinnvoll erscheint, von Subkulturen zu sprechen, muss demnach immer in Bezug auf die Gesamtkultur betrachtet werden. Diese muss ein Referenzsystem für die Subkultur darstellen, damit sinnvoll von einer Subkultur gesprochen werden kann (Schreyögg 2008, S. 379 ff.). Im Hinblick auf eine Unternehmerfamilie wäre es zwar möglich, dass die Kernfamilie oder einige Kernfamilien ihre Anteile am Familienunternehmen verkaufen; sie wäre(n) dann auch ohne Kopplung an ein Unternehmen lebensfähig, allerdings würden sie durch den Verkauf ihren besonderen Status und ihre kulturelle Identität als Unternehmerfamilie verlieren. Sie wären dann *nur* noch eine Familie, und die Kultur der Unternehmerfamilie würde nicht mehr als Sinnbezug und Identitätslieferant dienen.

Wichtig ist ebenfalls zu verstehen, dass die Mitglieder eine gewisse Loyalität gegenüber ihrem Subsystem entwickeln, was sich an den Empfindungen, Attitüden und informellen Beziehungen bemerkbar macht. Den Mitgliedern kann es daher schwerfallen, die Bedürfnisse, Herausforderungen und Probleme der anderen Subsysteme oder sogar des Gesamtsystems zu verstehen. Ihr Fokus ist primär auf das eigene Subsystem gerichtet, was zu einer indifferenten und sogar feindseligen Einstellung gegenüber den anderen Subsystemen sowie dem Gesamtsystem führen kann. In gewisser Weise wird dieses Problem speziell in formalen Organisationen selbst verursacht, da sie den Wettbewerb untereinander fördern (Schein 1980, S. 30). Auch große und wachsende Unternehmerfamilien sind mit der Herausforderung konfrontiert, eine Gesamtkultur bereitzustellen, die die zentrifugalen Kräfte der Subkulturen verarbeitet und abfedert. Vor allem eine Vergrößerung des Eigentümerkreises und eine Zersplitterung der Anteile bewirken die Gefahr, dass in diesem Subsystem eine Kultur entsteht, die die Renditeerwartungen (Investorenmentalität) zunehmend in den Vordergrund stellt, und sich die Bindung an das Familienunternehmen zunehmend verringert, sodass die Bereitschaft für (dringend) notwendige Reinvestitionen sinkt (Schaub 2009, S. 46).

Um dem entgegenzuwirken, muss die Unternehmerfamilie die Identifikation der Mitglieder mit dieser Familie fördern, aufrechterhalten und transgenerational sichern, indem sie z. B. das treuhänderische Prinzip kulturell verankert (Rüsen, Kleve u. von Schlippe 2021, S. 18).

Obwohl Subkulturen Teil der Gesamtkultur sind, können somit Abweichungen bestehen bzw. entstehen. Wie nah oder wie groß diese Distanz ist, hängt von den vorzufindenden Dynamiken ab. Hier besteht ein Wechselspiel aus Aktion und Reaktion. Etwaige Abspaltungsreaktionen der Subkulturen führen in der Regel zu (drastischen) Gegenreaktionen der Gesamtkultur, was wiederum zu einer Bestärkung der Gegenhaltung / des Widerstands der Subkultur führen kann (Schreyögg 2008, S. 379). Daher müssen Subkulturen als Kulturen aufgefasst werden, die an die Regeln und Verhaltensweisen der Gesamtkultur herangeführt werden müssen. Gelingt dies nicht, wird die Unternehmerfamilie nicht optimal handlungsfähig sein. Der Umgang mit den durch die Subkulturen hervorgerufenen Problemen ist eine elementare Funktion in der Führung von großen Gruppen bzw. Unternehmerfamilien (Schein u. Schein 2017, S. 174).

Allerdings ist die Existenz von Subkulturen zunächst weder gut noch schlecht, sie ist als neutral zu bewerten. Inwieweit Subkulturen (dys)funktional sind, hängt besonders davon ab, in welcher Beziehung sie zueinander stehen und wie sie die Beschaffenheit der Gesamtkultur tangieren (Sackmann 2017, S. 43). Das Gefährdungspotenzial besteht dann darin, dass Subkulturen sich zwar die übergeordneten Aspekte zu eigen machen, jedoch eine andere Deutung und Umformulierung vornehmen, was Zielkonflikte zwischen den Subkulturen entstehen lassen kann (Wien u. Franzke 2014, S. 17). Wie in Tabelle 7 abgebildet, können Subkulturen daher in dreierlei Weise auf die Gesamtkultur wirken (Martin a. Siehl 1983, p. 53 f.).

Eine allgemeine Aussage zu Gegenkulturen und deren Wirkung auf die Gesamtkultur ist nicht möglich. Diese können auf die Gesamtkultur sowohl gravierend dysfunktional als auch entwicklungsfördernd wirken, z. B. als Impulsgeber für einen kulturellen Wandel (Schreyögg u. Geiger 2016, S. 335). So können Subkulturen bei Unternehmerfamilien in einer mittleren Entwicklungsphase zu deren Weiterentwicklung beitragen. Hierzu müssen die Stärken und Schwächen der unterschiedlichen Subkulturen abgewogen werden. Daran anschließend muss die Gesamtkultur systematisch in Richtung einer dieser Subkulturen gelenkt werden. Dies kann gelingen, wenn Mit-

Einfluss	Beschreibung
Verstärkend	Die Subkultur achtet auf die Befolgung der von der Gesamtkultur vorgegebenen Grundwerte und Verhaltensweise. Die Gesamtkultur durchdringt gewissermaßen die Subkultur.
Neutral	Die Subkultur kann als Ergänzung zur Gesamtkultur angesehen werden; beide existieren parallel. Die Subkultur unterstützt die Grundwerte und Verhaltensweisen der Gesamtkultur und bildet gleichzeitig ihr eigenes Orientierungssystem heraus, das aber nicht im Konflikt mit der Gesamtkultur steht.
Gegenläufig	Die Subkultur formt ihr eigenes Orientierungssystem aus, das der Gesamtkultur entschieden entgegensteht. Es wird eine gegensätzliche Position zu Wertfragen der Gesamtkultur eingenommen, und diesen Werten wird große Bedeutung zugeschrieben. Gegenkulturen müssen dennoch das Gesamtsystem als Referenzsystem aufweisen, da sonst die Differenz fehlt und die Gegenkultur keine Subkultur darstellen würde.

Tab. 7: Einflussmöglichkeit der Subkulturen auf die Gesamtkultur

glieder/Kulturträger aus der jeweiligen Subkultur in Schlüsselpositionen (z. B. Familiengremien) der Gesamtkultur hineingebracht werden. Als allgemeiner Hinweis gilt: Subkulturen können für junge Organisationen ein Problem darstellen, bei mittelalten Organisationen hingegen fördert die dadurch auftretende Diversität die Anpassungsfähigkeit an geänderte Umweltbedingungen. Allerdings ist das Tempo zu beachten; solche Änderungen brauchen (lange) Zeit (Schein u. Schein 2017, S. 196).

Abschließend sei noch auf Folgendes hingewiesen: Aus der Perspektive von Subkulturen wird der Homogenitätsanspruch von Kulturen durchbrochen. Der Fokus liegt hier auf den Unterschieden und den möglichen/denkbaren Widersprüchen zwischen den Subkulturen im Hinblick auf die Hierarchieebenen, zwischen verschiedenen Funktionsbereichen oder Professionen. Aus diesem Blickwinkel formen sich Kulturen eher als »pluralistische Gebilde« (Schreyögg u. Geiger 2016, S. 333) heraus. Kulturen bestehen, davon ausgehend, aus zahlreichen Subkulturen, deren Herausforderung darin besteht, einen allumfassenden Rahmen zu spannen. Wie in Abbildung 1 dargestellt, rahmt die Gesamtkultur der Unternehmerfamilie die drei Subkulturen der Familie, des Unternehmens und des Eigentümerkreises. Diese Kulturen können dann eher als Gemisch aus Subkulturen aufgefasst werden denn als eine Kultur bestehend aus einem spezifischen Werte- und Orientierungssystem. In extremen Fällen handelt es sich bei der Kultur nur noch um die (zufällige) Schnittmenge der Subkulturen (Schreyögg u. Geiger 2016, S. 333).

3 Kulturelle Besonderheiten von Unternehmerfamilien

3.1 Der Einfluss der Subsysteme auf die Unternehmerfamilie

Unternehmerfamilien sind nicht einfach da, sondern entwickeln sich entlang ihrem Bestand und weisen eine Entwicklungsgeschichte (Evolution) auf, die ihren Widerhall in der jeweils bestehenden Kultur findet. Die Kultur der Unternehmerfamilie wird dabei maßgeblich durch ihre Subsysteme Familie, Unternehmen sowie Eigentümerkreis und deren jeweiligen Kulturen geprägt, prägt aber als Gesamtkultur ebenso die Subsysteme. Aufgrund der Kopplung entstehen bzw. bestehen hier Wechselwirkungen, und es vollzieht sich eine koevolutionäre Entwicklung. Vor allem die kulturelle Prägung der Subsysteme trägt dazu bei, dass jede Unternehmerfamilie eine einzigartige, nicht imitierbare Kultur und somit Lebenswirklichkeit für ihre Mitglieder ausformt. Durch die Kopplung der Familie an ein Unternehmen ist die Unternehmerfamilie allerdings mit der Herausforderung konfrontiert, den drei Subsystemen zu genügen (Abb. 1). Unternehmerfamilien müssen durch das Zusammenspiel der drei Subsysteme folgende Herausforderungen managen (Kleve 2020a, S. 28):

- Gestaltung der Lebensführung im Kontext eines Unternehmens
- Gestaltung der Nachfolge
- Gestaltung intra- und interpersoneller Rollenkonflikte, denen die Familienmitglieder durch die gleichzeitige Mitgliedschaft in den Subsystemen ausgesetzt sind.

Vor allem die unterschiedliche Geschwindigkeit, mit der sich der familiäre und unternehmerische Lebenszyklus vollzieht, kann Probleme generieren. Das Unternehmen verändert sich aufgrund verschiedener Markterfordernisse, während die familiäre Veränderung durch die Entwicklung der Mitglieder bestimmt wird. Dies führt in weiterer Folge meist dazu, dass die Entwicklungsprozesse innerhalb der Familie und des Unternehmens nicht synchron verlaufen (Simon

2005d, S. 180). Auf der Ebene der Unternehmerfamilie muss daher eine Kultur verankert werden, die bestmöglich die Funktionen in Tabelle 3 erfüllt; dies gilt besonders für die Bereitstellung von Sinn und Identifikation, um die Subkulturen bestmöglich zu integrieren.

Die Schwierigkeit besteht für die Unternehmerfamilie allerdings darin, dass die drei Systemkulturen auf unterschiedlichen und sich teilweise widersprechenden *Gerechtigkeitslogiken* beruhen. Jede Subkultur formt dadurch eigene Orientierungsmuster und Sinnzusammenhänge aus, die verstärkend, neutral oder gegenläufig auf die Gesamtkultur wirken können (Tab. 7). Durch diese »Verschränkung von Sinnzusammenhängen« (Levold, Martens-Schmid u. Schuchardt-Hain 2005, S. 210) und deren Wechselspiel sind aber Dysfunktionen sehr wahrscheinlich, die auf der Ebene der Unternehmerfamilie kompensiert werden müssen. Unternehmerfamilien können daher als »hybride Sozialformen« (Kleve 2020a, S. 57) aufgefasst werden. Hier prallen also drei Logiken aufeinander; für die Mitglieder ist der Umgang mit diesem Umstand sehr herausfordernd (ebd.). Unternehmerfamilien als besonderer Familientypus müssen diese Logiken nicht nur unterscheiden, sondern gleichzeitig vereinen. Hier gilt es, einen nachhaltigen Gleichgewichtszustand herzustellen: Die Fokussierung auf nur eine Logik führt unweigerlich zu Dysfunktionen (Rüsen et al. 2022, S. 23), macht Konflikte sehr wahrscheinlich und birgt das Risiko, dass eine Seite sprichwörtlich daran zerbricht, was eine Gefährdung des Fortbestands der Unternehmerfamilie darstellt (Meyer 2007, S. 19). Die drei Subsysteme können sich also »fördern oder behindern, sich gegenseitig am Leben erhalten oder ›kaputt machen‹« (Simon, Wimmer u. Groth 2005, S. 154).

3.1.1 Subsystem Familie

Die Familie ist ein Sozialsystem, dessen Mitglieder verwandtschaftliche Beziehungen aufweisen. Letztere sind biologisch und sozial geprägt. Zweck einer Familie ist die Weitergabe des menschlichen Lebens. Dabei erfüllt die Familie die Funktion der primären Sozialisation der Nachkommen, d. h. deren frühe Persönlichkeitsbildung (Caspary 2018a, S. 106 ff.). In der Familie ist der ganze Mensch mit all seinen Facetten von Bedeutung. Die Familie zeichnet sich somit durch eine Vollinklusion ihrer Mitglieder – mit all ihren Stärken und Schwächen – aus. Personenorientierung und Nichtaustauschbarkeit ihrer Mitglieder sind bedeutsame Merkmale (Weismeier-Sammer et al. 2012, S. 183). Innerhalb der Familie stehen im Fokus der Betrachtung (Simon, Wimmer u. Groth 2005, S. 162):

- der einzelne Mensch
- das Verhältnis zwischen den Mitgliedern
- deren Befindlichkeit
- die gemeinsame Entwicklung.

Daneben lässt sich die Familie durch Emotionalität, Familienfrieden, Gerechtigkeit und Solidarität charakterisieren (Meyer 2007, S. 18). Alle Themen, die primär ein Mitglied betreffen, sind für die Familie potenziell relevant. Kommunikation vollzieht sich hier als Bindungskommunikation, welche die Verbundenheit zwischen den Mitgliedern andauernd aktualisiert (von Schlippe 2017, S. 26 f.). Sie bietet Platz für jegliche Kommunikationsinhalte (auch mit starken Affekten), und die vorherrschende »Intimkommunikation« (Simon 2004, S. 145) innerhalb der Familie erhebt den Anspruch, alle Rollen der Mitglieder ansprechen bzw. thematisieren zu können.

Die Familie stellt die ursprünglichste Gemeinschaft eines Menschen dar (Stein 2004, S. 173) und ist »im reinen Geldsinne eine (mehr oder weniger) ökonomiefreie Zone« (Simon 2005a, S. 12). Sie richtet ihre Werte und Ziele auf das Wohlbefinden der Mitglieder aus, strebt die langfristige Aufrechterhaltung der Beziehungen zwischen diesen an, welche durch gefühlsbetonte Verhaltensweisen geprägt/dominiert werden (Fink 2008, S. 80). Da die Mitgliedschaft in Familien lebenslang besteht, können die Mitglieder prinzipiell nicht ausgetauscht werden. Allerdings können sich die zu erfüllenden Funktionen der Mitglieder im Zeitverlauf ändern (Simon 2005b, S. 22). Ein Ein- und Austritt ist in der Regel nur durch Geburt, Adoption, Heirat oder Tod möglich. Selbst wenn sich die Eltern scheiden/trennen, bleiben sie als Eltern ihrer Kinder verbunden (Simon 2009, S. 22). Gleiches gilt für deren Nachkommen: Diese können zwar den Kontakt zu ihrer Familie / ihren Eltern abbrechen, bleiben allerdings aus systemischer Sicht mit diesen verbunden; sichtbar wird dies z. B. in Systemaufstellungen.

3.1.2 Subsystem Unternehmen

Charakteristikum von Unternehmen ist die Entscheidungskommunikation. Jede Operation innerhalb eines Unternehmens bedarf als Grundlage einer Entscheidung, und jede Entscheidung schließt an eine vorherige Entscheidung an. Etwas wird für ein Unternehmen nur dann relevant, wenn es in Form einer (Ja-Nein-)Entscheidung abbildbar ist. Alles, was nicht entscheidungsrelevant ist, wie z. B. die Befindlichkeiten der Mitglieder, wird ausgeblendet (von Schlippe 2017, S. 25).

Es dominiert Rationalität, die sich an Wettbewerb und Erzielung von Gewinnen orientiert. Der Fokus ist auf die Erfüllung der Aufgaben und die Erreichung der Ziele ausgerichtet. Unternehmen stehen im Dienst der Erreichung von Ergebnissen. Es herrscht eine Leistungsorientierung vor, d. h., die Anforderungen für die zu erfüllende Position/Funktion stehen im Vordergrund. Fehler, Schwächen oder Befindlichkeiten werden in der Regel nicht akzeptiert (Wimmer, Simon u. Groth 2004, S. 52 f.). Raum für intime Gespräche – wie in der Familie üblich – sind hier nicht vorgesehen; wenn sie doch stattfinden, sind sie erklärungsbedürftig. Die Beziehung zwischen den Mitarbeitern wird durch die zu erledigenden Aufgaben (Funktionsorientierung) und die Außenorientierung am Marktgeschehen determiniert (Fink 2008, S. 80).

Die Mitglieder von Unternehmen sind austauschbar. Daher sind die Mitgliedschaften in einem Unternehmen eher flexibel und durch regelmäßige Ein- und Austritte charakterisiert. Das Unternehmen erhält durch die Austauschbarkeit der Mitglieder seine Identität (Simon 2009, S. 24). Deswegen bestehen in Unternehmen Regeln und formale Funktionen, die unabhängig von einer spezifischen Person erfüllt werden können.

Ein Unternehmen kann zusammenfassend mit folgenden Schlagwörtern klassifiziert werden: Wettbewerb, Leistung, Rationalität, Sachorientierung, Effizienz und Effektivität (Meyer 2007, S. 18).

3.1.3 Subsystem Eigentümerkreis

Ähnlich wie in der Unternehmung wird im Eigentümerkreis vordergründig eine Entscheidungskommunikation vollzogen. Diese erfolgt jedoch spezifischer, da hier eine Orientierung an der (gesellschafts)rechtlichen Logik vorherrscht. Entscheidungen werden hier anhand von Recht/Unrecht getroffen, sodass der Eigentümerkreis durch ein hohes Ausmaß an Formalisierung im Sinne von vertraglichen Beziehungen gekennzeichnet ist. Der Fokus der Mitglieder liegt hier eher auf der Durchsetzung persönlicher Rechte, die sich durch die im Besitz befindlichen Eigentumsanteile am Unternehmen ergeben.

Die Kommunikation kann als Eigentumskommunikation bezeichnet werden (von Schlippe 2017, S. 27). Die Eigentümerschaft ist weder personen- noch aufgabenzentriert. Vielmehr steht die Optimierung der eingesetzten Mittel im Vordergrund, um bestmögliche Ergebnisse zu erzielen. Die Kommunikation beschränkt sich dabei auf rechtliche Bedingungen und Ansprüche aus dem Unternehmen (von Schlippe 2011, S. 2).

3.1.4 Kontexte und Logiken innerhalb der Unternehmerfamilie

Die Unternehmerfamilie besteht nach von Schlippe, Groth und Rüsen (2017, S. 102) gleichzeitig aus vier Kontexten mit den folgenden Funktionen:

1) *Familie:* Versorgung der Mitglieder
2) *Unternehmen:* Treffen von Entscheidungen
3) *Eigentümerkreis:* Orientierung am Gesellschaftsvertrag
4) *Metasystem Unternehmerfamilie:* Integration und Ausbalancierung dieser Kontexte.

Aufgrund der zuvor skizzierten Besonderheiten jedes Kontextes ist jedes Subsystem durch seine systemspezifischen (Gerechtigkeits-) Logiken geprägt, die insofern auch das jeweilige Erscheinungsbild jeder Subkultur prägen. Die Gerechtigkeitslogiken prägen dabei die Struktur-, Beziehungs- und Sachebene der jeweiligen Kultur (Kap. 2.4). Wie die jeweiligen Gerechtigkeitslogiken der Subsysteme die Kulturebenen prägen können, zeigt Tabelle 8, welche die Gerechtigkeitslogiken jedes Subsystems gegenüberstellt (von Schlippe 2009, S. 18) und um die drei Kulturebenen ergänzt wurde.

Die Problematik/Herausforderung auf der Ebene der Unternehmerfamilie ergibt sich dahingehend, dass die drei Subsysteme auf unterschiedlichen Gerechtigkeitslogiken beruhen und daher unterschiedliche kulturelle Eigenheiten ausformen. Die jeweiligen Logiken können sich dabei nicht nur teilweise, sondern auch diametral widersprechen (Tab. 8). Auch im Rahmen der Unternehmerfamilie erhält jedes Subsystem seine eigene Wirklichkeit und Basisüberzeugungen aufrecht. Wie bereits erwähnt, findet hier keine *Verschmelzung* der drei Subsysteme statt. Vielmehr besteht die Einheit aus einer Dreiheit. Für die Mitglieder der Unternehmerfamilie stellen die jeweiligen Subkulturen unterschiedliche Sinn- und Erwartungskontexte bereit (von Schlippe, Groth u. Rüsen 2017, S. 77 f.), die auf

Ebene	Thema	Familie
Sachebene	Kommunikationswege	Wenig formalisiert und hierarchisiert, mündlich
	Entscheidungsfindung	Viel Verhandlungsspielraum, eher aber Einigung
Beziehungsebene	Ausgleich	Anerkennung, Wertschätzung; langfristig
	Im Fokus stehend	Individuum (nicht austauschbar)
	Kommunikationsform	Bindungskommunikation
Strukturebene	»Währung«	Liebe, Bindung, Treue, Loyalität
	Gerechtigkeitskriterien	Gleichheit: Alle bekommen das Gleiche
	Austritt	Prinzipiell nicht möglich (Abschn. 3.1.1)
	Eintritt	Durch Geburt, Heirat, Adoption

Tab. 8: Gerechtigkeitslogiken der Subkulturen

der Ebene der Unternehmerfamilie zu einem Ganzen geformt werden müssen. Dazu muss sie nicht nur geeignete Denk- und Handlungsweisen kulturell verankern, sondern eine Kultur bereitstellen, die eine *Pufferfunktion* erfüllt, d. h. Gleichgewichtszustände zwischen den Subkulturen und zwischen Gesamt- und Subkulturen herstellt.

Aufgrund der unterschiedlichen Logiken der drei Subsysteme treten in Unternehmerfamilien unweigerlich und fast automatisch Widersprüche auf, die von den Mitgliedern als *Paradoxien,*[11] *Dilemmata und Ambivalenzen* wahrgenommen werden und diese verwirren können. Die Beteiligten werden mit drei System-/Sinnkontexten konfrontiert, zwischen denen sie oszillieren. Sie pendeln zwischen den unterschiedlichen Realitäten und müssen herausfinden, aus welchem Kontext/Logik heraus etwas an sie adressiert wird (Kleve 2020a, S. 41 ff.). Durch die Gleichzeitigkeit der unterschiedlichen Logiken ist das Treffen von Entscheidungen kein leichtes Unterfangen, wenn Entscheidungen es allen Beteiligten recht machen und sie nicht als Willkür interpretiert werden sollen. Es bedarf also einer Art Paradoxiefreundlichkeit, bzw. müssen die unterschiedlichen Gerech-

11 Paradoxien sind »sich logisch ausschließende Widersprüche.« (Simon 2008, S. 83). In diesem Buch wird nicht weiter auf den Begriff Paradoxie eingegangen. Für ein tieferes Verständnis sei auf Simon (2008) und von Schlippe (2011) verwiesen.

Unternehmen	**Eigentümerkreis**
Formalisiert, schriftlich, hierarchisiert	Formalisiert, schriftlich
Wenig Entscheidungsspielraum, eher hierarchisch	Mehrheitsbeschlüsse
Geld, Gehalt; kurzfristig (»zum Monatsende«)	Regelmäßige Ausschüttung, Wertsteigerung
Funktion, Kompetenz (Personen sind prinzipiell austauschbar)	Höhe der Anteile, Funktion
Entscheidungskommunikation	Geld als generalisiertes Kommunikationsmedium
Arbeitskraft, Karriere	Anteile und deren Langfristigkeit
Ungleichheit: Position und Gehalt nach Leistung und Fähigkeit	Gleichheit auf Informationsebene Ungleichheit auf Stimmebene
Prinzipiell jederzeit, individuell je nach Vertrag	Prinzipiell möglich, durch Verkauf von Eigentum/ Anteilen
Prinzipiell jederzeit, individuell je nach Vertrag	Prinzipiell möglich, durch Erwerb von Eigentum/ Anteilen

tigkeitsansprüche der Mitglieder berücksichtigt werden (von Schlippe, Groth u. Rüsen 2017, S. 165 f.).

> »Denn die gleichzeitige Präsenz von Familie, Unternehmen und Eigentum stellt unausgesprochen unterschiedliche, einander widersprechende Verhaltenserwartungen an die Betroffenen. Sowohl individuell als [auch] kollektiv können diese pragmatischen Paradoxien in schwierige Kommunikationssituationen führen« (von Schlippe, Groth u. Rüsen 2017, S. 89).

Vor allem das Unternehmen und dessen Anforderungen nehmen im Alltags(er)leben der Unternehmerfamilie einen erheblichen Anteil ein, indem es den Großteil der Aufmerksamkeit auf sich zieht. Durch seine allgegenwärtige Position ist die familieninterne Kommunikation auf unternehmerische Belange ausgerichtet, wodurch Bedürfnisse der Familienmitglieder oftmals in den Hintergrund rücken (Wimmer u. Simon 2019, S. 156). Dies hat Konsequenzen auch für die Mitglieder, die keine Funktion im Unternehmen ausüben. Es ergibt sich in Unternehmerfamilien die Problematik, dass eine Entscheidungskommunikation (Kontext Unternehmen) als Bindungskommunikation (Kontext Familie) aufgefasst werden kann (Tab. 8). Dies kann nicht nur heftige Gegenreaktionen hervorrufen, sondern auch nicht mehr wiedergutzumachende tiefe Kränkungen und Verletzungen. Ein Beispiel wäre die Entscheidung gegen einen potenziellen Nachfolger, da dieser vermeintlich nicht die notwendigen Kompetenzen aufweist. Aus der Perspektive des Unternehmens erscheint dies als absolut logisch und nachvollziehbar, aus dem Blickwinkel der Familie wird dadurch aber das Gleichbehandlungsgebot, demzufolge alle Nachkommen als gleich wertvoll und (für eine Nachfolge) gleichberechtigt gelten, verletzt (von Schlippe u. Klein 2017, S. 119 f.).

Eine Aushebelung des in der Familie vorherrschenden Gleichbehandlungsgebots vollzieht sich auch dann, wenn die Familienmitglieder im Unternehmen oder im Eigentümerkreis unterschiedliche Positionen/Funktionen einnehmen (Hasenzagl 2018, S. 52). Während in der Familie alle Themen angesprochen werden dürfen und sollen, ist der Informationsfluss im Unternehmens- und Eigentümersystem abhängig von der jeweiligen Position/Funktion. Entscheidungen, die hier getroffen werden, können im familiären Kontext u. U. nicht ohne Weiteres kommuniziert werden, was das betroffene Mitglied in Zwiespalte bringen kann. Durch die Kopplung müssen bei Entscheidungen in einem Subsystem daher immer die (möglichen) Konsequenzen für die anderen Subsysteme mitgedacht werden, da Entscheidungen in einem Kontext die Logik des oder der anderen Kontexte verletzen können (von Schlippe 2017, S. 175).

Durch die Verbindung der sich in ihren Grundlogiken unterscheidenden Subkulturen können für die Unternehmerfamilie folgende *Problembereiche* entstehen:

1) *Ebene der Unternehmerfamilie:* Als ein maßgebliches Kriterium für den Zugang zur Unternehmerfamilie wird häufig der Erwerb von Eigentum am Unternehmen vorausgesetzt. Während der Zugang zur Familie via Geburt, Adoption oder Heirat erfolgt, muss er bei Unternehmerfamilien formal festgelegt werden. Die Zugehörigkeit versteht sich nicht von selbst (Stichwort: Selektionskriterien; Kapitel 1). Unklarheiten können Dysfunktionen im Sinne von Dilemmata, Konflikten oder Verwirrung provozieren (Kleve 2020a, S. 65). Weitere formal zu klärende Fragestellungen im Hinblick auf die Mitgliedschaft sind z. B. der Umgang mit Nachkommen, die noch keine Anteile am Unternehmen besitzen, mit ausscheidenden Eigentümern, die ihre Anteile an die nächste Generation vollständig abgetreten haben, oder mit angeheirateten Mitgliedern, die keine Anteile haben. Wie werden diese Mitglieder neu oder weiterhin in die Unternehmerfamilie integriert? Wer gilt als

Mitglied und wer nicht (von Schlippe, Groth u. Rüsen 2017, S. 118)?

2) *Ebene der Subsysteme:* Durch die wechselseitige Beeinflussung der Subsysteme besteht die Gefahr der Überlagerung einer oder mehrerer Subkulturen durch die jeweils andere(n). Dies kann die Mitglieder aufgrund ihrer Mehrfachmitgliedschaften psychisch enorm belasten. Beispielsweise kann der Wert (die Währung; Tab. 8) eines Mitglieds innerhalb der Familie nicht mehr durch Liebe, Bindung und Treue bestimmt werden, sondern durch seine Arbeitskraft oder die Höhe der Anteile. Das heißt, Mitglieder werden nur dann als wertvoll für die Familie erachtet, wenn sie im Unternehmen arbeiten oder Eigentumsanteile am Unternehmen aufweisen und nicht nur aufgrund ihrer familiären Zugehörigkeit (Simon, Wimmer u. Groth 2005, S. 157).
Ebenso können Mehrfachmitgliedschaften der Familienmitglieder Loyalitätskonflikte mit sich bringen. Während in der Familie ein Gleichbehandlungsgebot gilt, wird Gerechtigkeit im Unternehmen nach den individuellen Kompetenzen sowie Fähigkeiten und im Eigentümersystem nach der Anzahl der Anteile bemessen. Welches Gerechtigkeitskriterium ist dann ausschlaggebend, wenn beispielsweise eine Position im Unternehmen oder Eigentümerkreis besetzt werden soll?

3.1.5 Die Bedeutung der Kultur für Ausgleichsprozesse und Austauschbeziehungen

Ein wesentliches Charakteristikum sozialer Systeme im Hinblick auf den *sozialen Frieden* ist die Bereitstellung einer Ausgleichsfunktion zwischen Geben und Nehmen.[12] Hierdurch entstehen nicht nur Beziehungen zwischen den Mitgliedern, sondern auch Verbindlichkeiten und Verpflichtungen (Kleve 2020a, S. 22). Die Herausforderung für Unternehmerfamilien besteht nun darin, dass innerhalb der Subkulturen unterschiedliche Vorstellungen bezüglich des als geeignet angesehenen Ausgleichs bestehen (Tab. 8):

So vollzieht sich der Austausch *innerhalb der Familie* aufgrund stillschweigender und gefühlsbezogener Grundsätze. Das Interesse

12 Wenn wir etwas von einem Menschen nehmen, entsteht unweigerlich ein Schuldverhältnis. Dieses muss irgendwann beglichen werden, etwa durch Loyalität und Bindungstreue (Kleve 2020a, S. 25 f.).

und der Fokus jedes Einzelnen ist auf die langfristige und positive Entfaltung der anderen Familienmitglieder gerichtet. Dabei steht der Wert der Austauschprodukte völlig im Hintergrund (Lansberg 1983, p. 42). Vielmehr herrscht ein unterschwelliges »Versprechen für die Zukunft« (Wimmer et al. 2005, S. 268) vor. Eine Abgeltung der erbrachten Opfer beispielsweise der Eltern muss von den Nachkommen erst in der Zukunft erfolgen. Der Ausgleich von Geben und Nehmen klafft in Familien u. U. zeitlich weit auseinander und kann erst nach vielen Jahren erfolgen. Diese so stark ausgeprägte Asymmetrie in Bezug auf die Leistungsprinzipien ist für Familien systemspezifisch und existiert in anderen sozialen Systemen in dieser Form nicht. In extremen Fällen führt sie sogar zur Selbstausbeutung und Selbstaufgabe einzelner Mitglieder (Simon 2005b, S. 25).

Ganz anders vollziehen sich Ausgleichsprozesse *innerhalb des Unternehmens und Eigentümerkreises.* Die zugehörigen Austauschbeziehungen gründen auf vertraglichen und ökonomischen Prinzipien. Eigentümer und Mitarbeiter müssen den Marktwert und den Zeitrahmen, innerhalb dessen Güter oder Dienstleistungen ausgetauscht werden, beachten (Lansberg 1983, p. 42). Das Geben und Nehmen liegen hier zeitlich eng beieinander; ein zeitliches Auseinanderklaffen ist undenkbar oder mit Sanktionen verbunden, da die vertraglichen Beziehungen gekündigt und ausgetauscht werden können. Aus diesem Grund muss der Zeitraum für Leistungen und Gegenleistungen möglichst deckungsgleich und vertraglich festgelegt sein (Simon 2005b, S. 26).

Durch das Zusammentreffen der unterschiedlichen Ausgleichsformen auf der Ebene der Unternehmerfamilie entsteht dort eine besondere Kultur des Gebens und Nehmens. Beispielsweise erhalten Familienmitglieder in der Regel eine geringere Kompensation für die geleistete Arbeit innerhalb des Unternehmens als familienfremde Mitarbeitende. Oft steht die Argumentation im Raum, dass es die Pflicht der Kinder sei, im Unternehmen Tätigkeiten zu übernehmen (Lansberg 1983, p. 42). Unternehmerfamilien stehen daher vor der Herausforderung, für sie passende Mechanismen im Hinblick auf die Gestaltung der sozialen Beziehungen des Gebens und Nehmens zu etablieren. Der Ausgleich muss sowohl unter den Mitgliedern erfolgen als auch in der Beziehung zum Unternehmen. Je besser der Ausgleich zwischen Geben und Nehmen gelingt, desto stärker die gemeinschaftliche Identität. Diese stellt dann den Rahmen bereit, in dem die transgenerationale Perspektive verwurzelt werden kann (Kleve 2020a, S. 26).

Kultur ist ein wesentlicher Faktor und kann hier stabilisierend wirken, indem Wertschätzung und Anerkennung für Einsatz und Leistung (Geben) einzelner Mitglieder für die Unternehmerfamilie kulturell verankert sind. Wie bereits beschrieben, kann dies nicht einfach so verordnet werden. Entweder ist es bereits Bestandteil der Basisüberzeugungen, oder es muss durch Kulturträger (kontinuierlich) vorgelebt werden, bis es in den Basisüberzeugungen verankert ist.

3.2 Die Unternehmerfamilie als ambivalente Lebenswelt

Durch den Zusammenschluss der drei Subsysteme unter dem Dach der Unternehmerfamilie wird die Gesamtkultur vor die Herausforderung gestellt, den Umgang mit den drei Subkulturen zu bewältigen. Dies ist deshalb herausfordernd, weil die drei Subsysteme auf unterschiedlichen Gerechtigkeitslogiken fußen (Tab. 8), d. h., sie sind in ihren Grundstrukturen und Basisüberzeugungen verschieden. Daraus ergibt sich auf der Beziehungsebene ein divergierendes Werteverständnis zwischen den Subkulturen. Dieses manifestiert sich durch verschiedene implizite wie explizite Verhaltenserwartungen der Mitglieder an die Unternehmerfamilie. Unternehmerfamilien dürfen daher nicht als ein homogenes soziales System angesehen werden (Frank u. Lueger 2018, S. 17):

- Mit der familiären Logik wird die Sicherstellung des Zusammenhalts der Familie(n) erwartet.
- Mit der unternehmerischen Logik wird eine erfolgreiche Führung des Unternehmens erwartet.
- Mit der Logik des Eigentümerkreises wird eine möglichst hohe Dividende erwartet (von Schlippe 2017, S. 15).

3.2.1 Konsequenzen der unterschiedlichen Logiken

Die Herausforderung für die Mitglieder einer Unternehmerfamilie besteht darin, dass die Fokussierung auf nur eine Logik den anderen Logiken widersprechen kann. Dies macht sich z. B. bei Selektions- und Auswahlprozessen von Funktionsträgern in der Unternehmerfamilie bemerkbar. Hier können im Allgemeinen drei Dimensionen herausgearbeitet werden, die an das einzelne Mitglied widersprechende Erwartungen stellen:

- *Logik des Unternehmens:* Auswahl des Kompetentesten für eine Position
- *Logik der Familie:* Auswahl desjenigen, der die höchste Loyalität gegenüber den familiären Werten aufweist
- *Politische Logik:* Auswahl desjenigen, der innerhalb der Unternehmerfamilie das höchste Ansehen bzw. die höchste Popularität besitzt (Rüsen, Kleve u. von Schlippe 2021, S. 85).

Konflikte und Dilemmata zwischen den drei Subsystemen entstehen somit aufgrund der divergierenden Vorstellungen, Werte und Erwartungen, die ihren Ursprung in den Basisüberzeugungen der einzelnen Subkulturen haben, die wiederum durch die jeweiligen Logiken geprägt werden. Da die Familienmitglieder selbst Mehrfachmitgliedschaften in den verschiedenen Systemen aufweisen können, sind sie auf der Ebene der Unternehmerfamilie unweigerlich gleichzeitig den sich teilweise widersprechenden Erwartungen der Subkulturen ausgesetzt, die mitunter nicht oder nur schwer vereinbar sind (von Schlippe 2009). Als Konsequenz der sich widersprechenden Erwartungen geraten die Mitglieder in Stresssituationen und leiden unter physischen Belastungen. Dies ruft oftmals innere Spannungen und eskalierende Konflikte hervor. Die permanente Überlappung der Kontexte auszubalancieren verlangt den Mitgliedern ein hohes Maß an Ambiguitätstoleranz[13] ab (Kleve 2020a, S. 44 ff.). Besonders die Lösung von Konflikten in Unternehmen oder Eigentümerkreis ist deshalb kein leichtes Unterfangen, da es für die Betroffenen als unmöglich erscheint, das Konfliktfeld zu verlassen, ohne zugleich die familiäre Verbundenheit aufzugeben (Haas 2005, S. 110).

Die Mitglieder erleben sich somit in einer ambivalenten Sozialwelt, »weil sich in ihnen eine sozialstrukturelle Gleichzeitigkeit des Unterschiedlichen oder gar Gegensätzlichen vollzieht« (Kleve 2020a, S. 44). Die familiäre sowie unternehmerische Kommunikation und die Kommunikation des Eigentümerkreises vollziehen sich gleichzeitig. Eine Handlung oder Aussage aus dem einem Kontext kann auch immer aus den jeweils beiden anderen Kontexten gedacht und ver-

13 Ambiguitätstoleranz ist »eine Fähigkeit, mit Unklarheiten und Widersprüchen umzugehen, diffuse Situationen und mehrdeutige Beziehungsdefinitionen gut auszuhalten« (Wimmer u. Simon 2019, S. 164).

standen werden, wobei hier Unterschiede und Widersprüche in der Anschlussfähigkeit entstehen können. In Anlehnung an Schulz von Thun bezeichnet Kleve dies als eine »*Mehr-Münder- und Mehr-Ohren-Kommunikation*« (ebd.). Daraus resultieren zwangsläufig Dilemmata, die unsichere Entscheidungssituationen provozieren; den Betroffenen ist häufig nicht bewusst, in welchem Kontext (in welcher Kultur) sie sich bewegen (ebd., S. 44 f.). Missverständnisse und Kränkungen sind in Unternehmerfamilien daher allein schon dadurch sehr wahrscheinlich, dass die Mitglieder nie genau wissen, in welchem der drei Subkulturen sie sich gerade bewegen, d. h. »wer sie jeweils für den anderen ›sind‹« (Gimeno, Baulenas u. Coma-Cros 2010, S. 13). Hieraus erwachsen potenzielle konflikthafte Anschlussinteraktionen (ebd.). Abbildung 3 verdeutlicht, wie es in Unternehmerfamilien zu Dilemmata, Missverständnissen und konflikthaften Anschlussinteraktionen kommen kann (angelehnt an die Transaktionsanalyse; z. B. Solomon 2003).

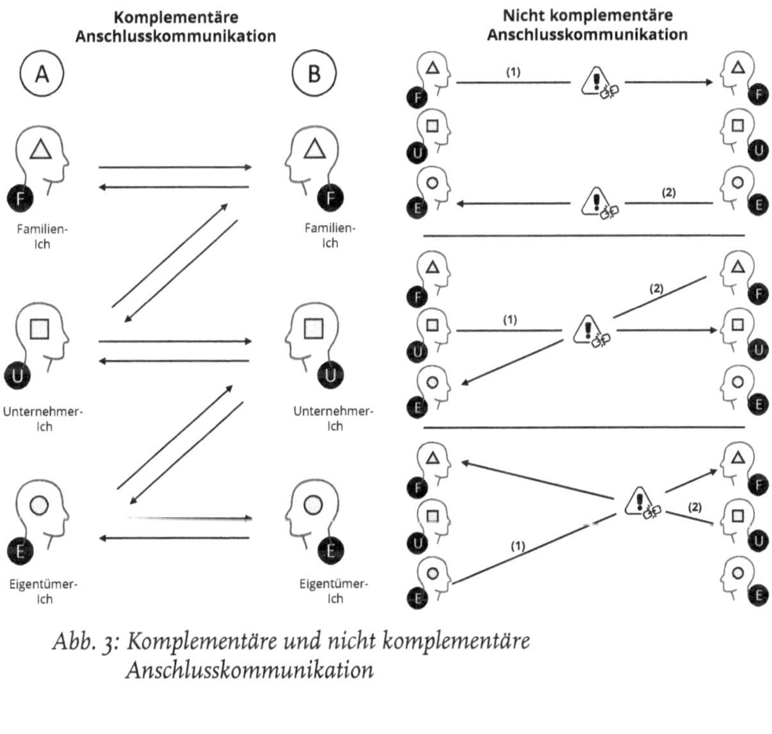

Abb. 3: Komplementäre und nicht komplementäre Anschlusskommunikation

Die Darstellung unterscheidet zunächst zwischen komplementären und nicht komplementären Anschlussinteraktionen:

Komplementäre Anschlussinteraktionen (Abb. 3 links) zeichnen sich dadurch aus, dass für die Kommunikationspartner erkennbar ist, in welchem kulturellen Kontext sie kommunizieren. A stellt eine Frage aus dem Familiensystem heraus und erhält von B aus der Logik der Familie eine Antwort. Ebenso kann A eine Frage aus der Logik des Unternehmenssystems an B in seiner Rolle als Familienmitglied adressieren. Wenn B als Familienmitglied antwortet und A in seiner Unternehmensrolle anspricht, besteht auch hier Komplementarität zwischen den Kontexten bzw. Kommunikationspartnern und deren Anschlussinteraktion. Wichtig ist, dass für beide Kommunikationspartner deutlich erkennbar sein muss, aus welchen kulturellen Kontext heraus eine Frage gestellt und aus welchem Kontext eine Antwort oder Verhaltensweise erwartet wird.

Aufgrund fehlender Kontextmarkierungen[14] (Bateson 1992, S. 374) sind die Mitglieder in Unternehmerfamilien aber überwiegend der *nicht komplementären Anschlussinteraktion* ausgesetzt. Wie in Abbildung 3 z. B. rechts oben zu sehen ist, spricht A aus dem kulturellen Kontext Familie, also mit der Familienlogik, und erwartet eine entsprechende Antwort, sein Gegenüber hört hingegen mit seinem Eigentümerohr und antwortet deswegen in dieser Logik oder erwartet, dass sein Gegenüber mit dieser Logik eine Antwort oder Verhaltensweise erwartet. Es entstehen »»schräge« Anschlüsse« (von Schlippe 2017, S. 21), die sich aufgrund unterschiedlicher Selektionen der Kommunikation vollziehen. Aus welchem Kontext heraus das Gegenüber eine Kommunikation verstanden hat, wird erst durch dessen Antwort ersichtlich (ebd.). Für jedes Mitglied besteht infolgedessen die Unsicherheit/Unklarheit, aus welchem Subsystem heraus ein anderes Mitglied mit ihm spricht oder etwas erwartet: als Mutter/Vater, Tante/Onkel oder doch als Unternehmer, Eigentümer. Der Adressat der Kommunikation muss situationsspezifisch entscheiden, aus welchem kulturellen Kontext heraus sein Gegenüber eine Antwort erwartet bzw. einfordert: als Tochter/Sohn, Nachfolger, Beiratsmitglied oder (Junior-)Chef usw. Jedes Mitglied muss zeitgleich alle Erwartungen mitdenken, da Handlungen in dem einen Subsystem

14 Kontextmarkierungen liefern Kommunikationspartnern Orientierungspunkte, damit diese wissen, in welchem System sie sich gerade befinden und welchen (Verhaltens-)Erwartungen diese ausgesetzt sind (von Schlippe 2017, S. 22).

Auswirkungen auf die anderen Subsysteme entfalten und die Einhaltung der einen Gerechtigkeitslogik der Logik der anderen widersprechen kann oder dort als nicht angemessen angesehen wird (von Schlippe u. Groth 2019, S. 273).

Hieraus entstehen für die Mitglieder unweigerlich ambivalente (Kommunikations-)Situationen. Diese drücken sich in doppeldeutigen Erwartungen aus, mit denen die Mitglieder konfrontiert werden. Ambivalenzen machen sich demzufolge als *Sowohl-als-auch*-Beziehung bemerkbar (Lüscher 2016, S. 124). Folgendes Zitat verdeutlicht die Ursachen, durch die nicht komplementäre Anschlusskommunikationen für die Beteiligten erwachsen (Simon 2005b, S. 30):

> »Wer den Firmenchef und Familienvater in der Firma trifft, sieht ihm nicht äußerlich an, ob er nun der liebende und fürsorgliche Vater oder der strenge und erfolgsorientierte Boss ist. Wenn er in der einen Rolle grüne Punkte im Gesicht hätte und in der anderen rote, wäre das alles viel einfacher. Dies gilt natürlich auch für den Chef selbst: Auch er kann eigentlich nie sicher sein, als wer er wann gefragt ist.«

Da in den überwiegenden Situationen nach außen nicht ersichtlich ist, als wer Mitglieder kommunizieren und als wen sie ihr Gegenüber adressieren, sind die Erwartungen unsichtbar (von Schlippe 2017, S. 23).

Mitglieder aus Unternehmerfamilien stehen daher vor der Herausforderung, in jeder Kommunikationssituation erkennen zu müssen, mit welcher kulturellen Logik sie gerade angesprochen werden, da entsprechend unterschiedliche Erwartungen an sie gestellt werden. Die fehlende Synchronizität der an das jeweilige Mitglied gestellten Erwartungen kann überfordernd wirken und das Nichtentscheiden fördern (von Schlippe, Groth u. Rüsen 2017, S. 89). Die Problematik in Unternehmerfamilien kann dann darin bestehen, dass die auftretenden Ambivalenzen nicht angesprochen werden. Diese schwelen unter der Oberfläche, was sie kräftezehrender und konfliktreicher macht. Gerade langlebige Unternehmerfamilien haben diesbezüglich Kommunikations- und Reflexionsmechanismen kulturell etabliert, um dieser Situation aktiv im Sinne des langfristigen Fortbestands zu begegnen (Wimmer u. Simon 2019, S. 166). Ambivalenzerfahrungen sind für die betroffenen Mitglieder jedoch nicht nur negativ; sie können auch als befreiend wahrgenommen werden und alternative Denk- und Handlungsmuster hervorrufen (Lüscher 2016, S. 134).

3.2.2 Ambivalenzen während der Nachfolge

Besonders Nachkommen bzw. (zukünftige) Nachfolger sind Ambivalenzen (von Geburt an) ausgesetzt. Ihre Sozialisation im Spannungsfeld zwischen Familie, Unternehmen und Eigentum prägt ihre Lebenswelt und Identität maßgeblich. Inwieweit dies qualitativ als *gut* oder *schlecht* bewertet werden kann, hängt vom jeweiligen Nachkommen ab. Die ambivalenten Erwartungen haben aber das Potenzial, innere Konflikte bzw. Zwiespalte hervorzurufen, und können sich während der Nachfolge entladen (Caspary 2018a, b; 2023). In Nachkommen kann der Eindruck aufkommen, »die Last einer familiären Tradition, der Delegation der früheren Generation« (Simon 2005a, S. 9) weitertragen zu müssen; sie sehnen sich aber gleichzeitig danach, ihren Lebensweg eigenständig und entsprechend ihren Eignungen zu gestalten. Unterstützt wird dies noch dadurch, dass den potenziellen Nachfolgern häufig ambivalente Botschaften/Erwartungen vermittelt werden: »Mach, was du möchtest, aber komm ins Unternehmen, wenn wir dich brauchen, bzw. mach eine Ausbildung im Sinne deiner zukünftigen Rolle.« Entscheidungen der Nachkommen, wie z. B. die Ausbildungswahl, werden in Unternehmerfamilien daher oft ambivalent wahrgenommen. Nachkommen stehen zwischen der Wahl ihres gewünschten Lebensweges und dem Wunsch der Eltern, ins Familienunternehmen einzutreten (Schröder 2019, S. 213 ff.). Doppeldeutige/ambivalente Botschaften ergeben sich vonseiten der Übergebenden, wenn diese den Nachkommen mitteilen, wie stressig das Unternehmertum ist und dass sie am besten davon Abstand nehmen, die Nachkommen sich aber gleichzeitig um den Kundenstock kümmern sollen (Leiß 2019, S. 177).

Vor dem Hintergrund einer sich immer stärker individualisierenden Gesellschaft können Nachkommen bzw. Nachfolger zunehmend den Wunsch verspüren, ihren eigenen Weg zu gehen. Der transgenerationale Erhalt bzw. die Nachfolge ist nicht mehr selbstverständlich. Neue Rollenbilder oder Lebensmodelle finden zunehmend gesellschaftliche Akzeptanz. Lebensläufe und Familienmodelle werden facettenreicher (Caspary 2018b, S. 137). Dies hat auch Einfluss auf Nachkommen von Unternehmerfamilien und das darin vorherrschende kulturelle Verständnis. Die Rollenbilder und Erwartungen, die sich über Generationen kulturell verfestigt haben, werden zunehmend infrage gestellt (Rüsen et al. 2022, S. 52). Ambivalenzen in Unternehmerfamilien ergeben sich z. B. in den Spannungsfeldern

»zwischen Bewahrung und Erneuerung, zwischen Unabhängigkeit und Loyalität, zwischen Gleichheit und Differenz« (Leiß u. Zehrer 2018, S. 231). Wie die Wortpaare zu erkennen geben, entstehen Ambivalenzen häufig durch die Beteiligung unterschiedlicher Generationen, d. h. zwischen Tradition und Erneuerung (ebd.).

Eine Unternehmerfamilie muss sich somit immer wieder, spätestens aber während einer Nachfolge fragen, ob die vielleicht schon seit Generationen kulturell verankerten Werte und Erwartungen noch zeitadäquat sind. Sind die Mitglieder überhaupt noch bereit, diesen zu entsprechen (Rüsen et al. 2022, S. 39)? Ebenso ist es für die Nachfolger von Bedeutung, sich die an sie gestellten Erwartungen ins Bewusstsein zu rufen und zu reflektieren; unterstützend muss Klarheit bezüglich der Erwartungen der Übergebenden hergestellt werden. Dies ermöglicht einen bewussten Abgleich/Umgang und kann während der Nachfolge und bereits davor Konflikten vorbeugen bzw. diese auf ein handhabbares Maß reduzieren (Caspary 2022).

3.2.3 Auflösung ambivalenter Kommunikation

Da in Unternehmerfamilien, bedingt durch die Kopplung der drei Subsysteme, die Unvorhersehbarkeit der Kommunikation exponentiell ansteigt, besteht die Herausforderung für die Familienmitglieder darin, die sich gleichzeitig überschneidenden Kommunikationsmuster auszugleichen. Aufgelöst werden können die sich überschneidenden Kommunikationsmuster, wenn die einzelnen Logiken bzw. kulturellen Aspekte der Subsysteme in die Gesamtkultur der Unternehmerfamilie integriert werden. Die Kommunikationsmuster sollten also auf einem höheren Abstraktionsniveau aufgelöst werden, was aber kein leichtes Unterfangen darstellt. In den überwiegenden Fällen bestehen die Logiken nebeneinander (von Schlippe u. Klein 2017, S. 116). Ein Umgang mit Ambivalenzen und den daraus resultierenden Dilemmata könnte somit gestaltet werden, indem die Betroffenen versuchen, die Trennung der kulturellen Kontexte zu realisieren, um die unterschiedlichen und sich teilweise widersprechenden Erwartungen zu erkennen und ihnen zu entsprechen. Beispielsweise kann vereinbart werden, zu bestimmten Zeiten oder Orten nur Themen zu besprechen, die entweder familiäre oder unternehmerische Belange oder Belange aus dem Eigentümerkreis betreffen (Kleve 2020a, S. 53).

3.2.4 Etablierung einer Familienverfassung

Eine weitere Möglichkeit, die unterschiedlichen Erwartungen der Subkulturen zu kanalisieren, ist die Etablierung einer Familienverfassung. Diese ist ein Mittel zur Prävention ohne rechtliche Statuten, dem allerdings Handlungsmaximen zugrunde liegen, die der Unternehmerfamilie als Orientierungsrahmen dienen sollen. Die Inhalte einer Familienverfassung finden oftmals ihre Entsprechung in rechtskräftigen Formulierungen durch Gesellschafterverträge, Erbregelungen usw. Inhalte einer Familienverfassung können sein:

- Welche Erwartungen stellt die Familie an sich selbst, an ihre Mitglieder und an das Unternehmen?
- Wer wird als Mitglied der Familie angesehen?
- Welche Rollen (z. B. im Unternehmen) werden für die Familie etabliert?
- Wie wird der Umgang mit externen Managern gestaltet?
- Fragen, die die interne/externe Kommunikation regeln oder den Umgang in krisenhaften Situationen oder mit dem Vermögen (Rüsen et al. 2022, S. 33).

Eine Familienverfassung erfüllt die Aufgabe des Erwartungsmanagements und kann emotionalen Konflikten im Nachfolgeprozess vorbeugen (Süss-Reyes u. Fuetsch 2018, S. 224). Die Etablierung einer Familienverfassung sorgt somit dafür, dass die Unternehmerfamilie sich einem Regelwerk unterwirft, das dem Beziehungsmanagement zwischen den Mitgliedern dient und die Beziehung zum Unternehmen, aber auch zum Eigentümerkreis koordiniert. Dadurch übernehmen Unternehmerfamilien die Charakteristika von Organisationen; sie werden organisationsähnlicher (Frank u. Keßler 2018, S. 252). Wesentliche Aufgaben von größeren Unternehmerfamilien sind daher im Management innerfamiliärer Bindungen sowie des Zusammenhalts und Erwartungsmanagements zu sehen. Die Implementierung einer Familienverfassung führt unweigerlich zu einem kulturellen Wandel innerhalb der Unternehmerfamilie und kann Gegenreaktionen einzelner Subkulturen auslösen.

3.2.5 Fazit

Ambivalenzen sind integraler Bestandteil einer jeden Unternehmerfamilie. Diese entstehen unvermeidlich aus dem Zusammenspiel der drei Subkulturen, deren Grundlogiken verschieden sind, und aus den Mehrfachmitgliedschaften der Familienmitglieder in den drei Subsystemen. Wie stark die Ambivalenzen ausgeprägt sind, hängt allerdings davon ab, wie gut es der Unternehmerfamilie gelingt, die kulturellen Kontexte zu trennen und durch eine Formalisierung der Organisationsstrukturen für die Mitglieder ersichtliche Kontextmarkierungen zu etablieren.

Die auftretenden Ambivalenzen prägen somit nicht nur das kulturelle Erscheinungsbild einer Unternehmerfamilie, sondern die vorherrschende Kultur kreiert ebenfalls Lösungsstrategien, wie eine Unternehmerfamilie mit diesen den Umgang gestaltet. Auf der Basis eines gemeinsamen kulturellen Werteverständnisses kann die Unternehmerfamilie ein Milieu bereitstellen, das Strategien und Strukturen herausbildet, die die Komplexität der ambivalenten Lebenswelt durch formalisierte Prozesse, Verhaltensvorgaben sowie Reflexionsräume reduziert und einen Orientierungsrahmen für die Übergebenden/Übernehmenden bietet. Offene Austauschmöglichkeiten fördern die Verarbeitung der auftretenden Ambivalenzen.

3.3 Wechselwirkung zwischen Umwelt, Kultur, Strategie und Struktur

Jede Unternehmerfamilie verfolgt einen bestimmten *Zweck* (Zweck ihrer Existenz) bzw. ein *übergeordnetes Ziel,* damit sie überlebensfähig ist und bleibt (Abschn. 2.4.3). Der Zweck findet seinen Widerhall idealerweise in den Basisüberzeugungen, wird von dem oder den Gründern festgelegt und muss sich in irgendeiner Form in Produkten, Dienstleistungen oder in der Bereitstellung von Sinn niederschlagen. Dies gilt entweder für die Mitglieder der Unternehmerfamilie, für Mitglieder anderer Gruppen (z. B. den Mitarbeitern im Familienunternehmen) oder für die Allgemeinheit. Die Überlebenschancen einer Unternehmerfamilie sind daher wesentlich mit ihrer Fähigkeit verbunden, sich den ursprünglichen Zweck immer wieder ins Bewusstsein zu rufen und ihm zu dienen (Schein 1980, S. 31). Vor allem für größere und geografisch breit aufgestellte Unternehmerfamilien besteht die Herausforderung darin, dieses gemeinsame Zielverständnis bei möglichst allen Mitgliedern bekannt zu machen und mittels Basisüberzeugung kulturell zu verankern (Sackmann 2004, S. 194).

Die aus dem Zweck abgeleiteten Ziele einer Unternehmerfamilie werden in *Strategien* umgewandelt, die wiederum durch die ausgeformten Strukturen realisiert werden. Das Ergebnis wird durch die Kultur modifiziert (Hofstede u. Hofstede 2011, S. 406), bzw. gibt die Kultur vor, was überhaupt als Strukturen und Strategien für möglich erachtet wird. Den Strategien und Strukturen muss die Kultur Leben einhauchen im Sinne einer kulturellen Verankerung. Strategieentwicklung sollte daher auch immer mit Kulturentwicklung einhergehen (Sagmeister 2016, S. 31). Strategien und Strukturen können als die harten Faktoren/Ausprägungsformen der Kultur verstanden werden. Sie sind greifbar und können durch Dokumentationen, Prozesse, Pläne usw. innerhalb der Unternehmerfamilie nachvollzogen werden (Wien u. Franzke 2014, S. 42). In Unternehmerfamilien agieren die drei Subsysteme nicht nur nach unterschiedlichen Logiken, sondern sie weisen auch unterschiedliche Strukturen auf. Diese dürfen jedoch nicht als Gegenpole angesehen werden; es formen sich ganz besondere Strukturen heraus, die miteinander verwoben sind und eine ganz eigene Logik entstehen lassen (Rüsen et al. 2022, S. 16).

Strategie, Struktur und Kultur müssen daher immer in ihrer wechselseitigen Beziehung zueinander, aber auch zur jeweiligen Umwelt betrachtet werden. Ein etwas anderer Blickwinkel auf die Strategie, Struktur und Kultur bietet das *KEA-Modell* (Akronym für Prozesse der *K*ognition, *E*motion und *A*ktion, d. h. des Denkens, Fühlens und Handelns):[15] Es betrachtet drei *Grunddimensionen bzw. Grundpolaritäten,* die das menschliche Zusammenleben und -arbeiten auf individueller und/oder sozialer Ebene prägen und sicherstellen:

- *Kopf:* Rationalität – Was können wir wissen?
- *Herz:* Emotionalität – Wem können wir glauben und vertrauen?
- *Hand:* Aktionalität – Wie kann sinnvoll damit umgegangen werden?

Übertragen auf die Strategie, Struktur und Kultur:

- Der *Kopf* ist die Strategie (rationale/kognitive Dimension).
- Das *Herz* wird durch die Kultur (emotionale Dimension) widergespiegelt.

15 Rückführbar auf den klassischen Reformpädagogen Johann Heinrich Pestalozzi, dem Glaubenspolaritätenschema von Insa Sparrer und Matthias Varga von Kibéd sowie auf die Theorie U von C. Otto Scharmer. Weiterentwickelt von Kleve (2020b).

- Die *Hand* wird durch die Strukturen (aktionale Dimension) widergespiegelt.

Ist eine dieser Dimensionen zu schwach oder zu stark ausgeformt, geht das Gleichgewicht zwischen Herz, Kopf und Hand verloren, und es entstehen Dysfunktionen innerhalb des Systems, die sich in Konflikten manifestieren können (Kleve 2020a, S. 23 u. 76). Vor dem Hintergrund des KEA-Modells kann auch von einer »Systemkompetenz mit Kopf, Herz und Hand« (Kleve 2019b, S. 6) gesprochen werden. Diese drei Ressourcen sind mindestens notwendig, damit die Unternehmerfamilie ihre Lebensführung und die zu bewältigenden kollektiven Aufgaben erfolgreich gestalten kann. Die Zusammenhänge werden in Abbildung 4 verdeutlicht (Rühli 1990, S. 200; Hofstede u. Hofstede 2011, S. 406; Malik 2013, S. 127 ff.).

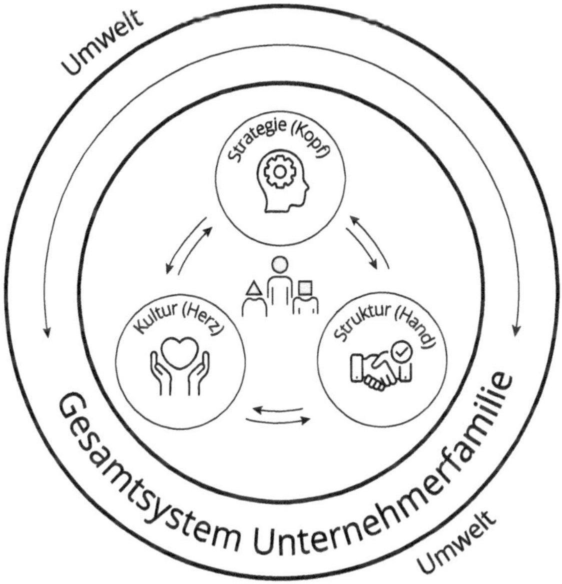

Abb. 4: Wechselwirkung zwischen Umwelt, Kultur, Struktur und Strategie

Zwischen Strategie, Struktur und Kultur bestehen wechselseitige Abhängigkeiten. Diese Beziehungen müssen simultan und unter Berücksichtigung aller Abhängigkeiten von den Mitgliedern der Unternehmerfamilie unter Berücksichtigung der kulturellen Logiken der Subsysteme modelliert werden, sodass keine Dysfunktionen entstehen. Im besten Fall unterstützt die Kultur die Strategie im Hinblick auf ihre Wirksamkeit, die sich wiederum möglichst umfassend in den Strukturen wiederfinden sollte, d. h., eine strategiekonforme Weiterentwicklung sollte sich in den Strukturen widerspiegeln. Alle drei Dimensionen müssen in Beziehung zur Umwelt betrachtet werden. Vor dem Hintergrund der Kybernetik kann eine Unternehmerfamilie aufgefasst werden als ein Organismus, der

- sich in ständigem wechselseitigem Austausch mit seiner Umwelt befindet,
- sich mit dieser entwickelt und
- einen Gleichgewichtszustand mit ihr anstrebt (Malik 2006, S. 81).

Daher ist es für Unternehmerfamilien wesentlich, auf die Komplexität, mit der sie durch ihre Umwelt konfrontiert sind, Antworten zu entwickeln. Schaffen sie es nicht, ist ihre Existenz langfristig bedroht. Unternehmerfamilien müssen somit primär in der Lage sein, die Komplexität ihrer Umwelt zu verarbeiten (Lassl 2019, p. 5). Dies gelingt ihnen durch ihre Kultur, Strategien und Strukturen.

3.3.1 Funktion der Umwelt

Wird die Umwelt betrachtet, so ist anzumerken, dass eine Unternehmerfamilie nur eine spezifische Umwelt vorweisen kann. Allerdings gestaltet sich die Abgrenzung, was genau eine Unternehmerfamilie ist und wo deren Umwelt beginnt, in der Praxis nicht (immer) leicht (Tab. 1, »Problem der Abgrenzung«). Denn die Beziehungen zwischen einer Unternehmerfamilie und deren Umwelt können sehr komplex sein. Anders ausgedrückt, kann die Abgrenzung einer Unternehmerfamilie bereits Schwierigkeiten entfalten. Wird beispielsweise ein Familienunternehmen betrachtet, so stellt sich die Frage, ab wo sich dieses abgrenzt. Ab wo grenzen sich seine Mitarbeiter, seine Forschungs- oder Marketingabteilung oder dessen Produkte und Dienstleistungen ab? Die Abgrenzung eines Familienunternehmens bzw. einer Unternehmerfamilie fällt schwer, weil deren Mitglieder ihrerseits Außenbeziehungen, etwa in Form von Mitgliedschaften z. B. in Vereinen oder anderen Gruppierungen, pflegen. Mittels dieser »›Fremd‹-Rollen« (Schein 1980, S. 139) tragen sie Werte, Normen und Erwartungen in Unternehmen oder Familie (ebd., S. 138 f.). Mit Umwelt sind in diesem Buch deshalb alle Austauschbeziehungen außerhalb der Unternehmerfamilie gemeint, die für sie von Relevanz sind und sein können. Dazu zählen nicht nur bekannte Größen, wie die Gesellschaft, die Familie, das Unternehmen, der Eigentümerkreis usw., sondern auch das Unbekannte.

Zur Sicherung ihres Bestands müssen sich Unternehmerfamilien an Veränderungen in ihrer Umwelt anpassen können. Vor allem müssen sie fähig sein zu erkennen, wann Bewährtes weiterzuentwickeln oder zu ersetzen ist. Unternehmerfamilien müssen daher adaptions- und innovationsfähig sein, um mit nicht vorhersehbaren Dynamiken einen wirksamen Umgang gestalten zu können (Sackmann 2004, S. 203). Ändern sich die Verhältnisse in der Umwelt, so wird sich die Kultur daran anpassen (müssen), sofern der Fortbestand gesichert werden soll. Andersherum ist es nicht möglich (Kap. 2.4). Umweltfaktoren, die die Kultur einer Unternehmerfamilie zu Anpassungen veranlassen können, sind:

- ökonomische Situation (Auf- oder Abschwung)
- rechtliches und institutionelles Umfeld (Rechtssicherheit)
- soziokulturelles Umfeld (Werte, Bedürfnisse und Wünsche der Kunden, Mitarbeiter, Gesellschafter)
- politische Situation (Stabilität/Instabilität des Umfelds).

Entscheidend für den Erfolg einer Unternehmerfamilie ist allerdings, *wie* die Informationen aus der Umwelt kulturell transformiert werden, damit das Gesamtsystem mit ihnen intern einen nutzenbringenden Umgang gestalten kann. Das Ergebnis aus diesen Prozessen hat Konsequenzen für die Leistungsfähigkeit und den Erfolg der Unternehmerfamilie sowie dessen Reaktionsfähigkeit auf sich ändernde Umweltbedingungen. Für das *Wie* der Verarbeitung von Informationen und der Transformationsprozesse ist die Kultur verantwortlich mit ihren kollektiven Basisüberzeugungen und dem sich daraus ableitbaren kollektiven Verhalten (Sackmann 2004, S. 34 f.).

3.3.2 Funktion der Strategie

Die kulturelle Färbung hat aber auch immer einen Einfluss auf die Auswahl und die Erfolgsaussichten einer Strategie. Unter Strategie werden alle Maßnahmen verstanden, die eine Unternehmerfamilie entweder durch ihre Erwartungen oder als Reaktion auf durch die Umwelt induzierte Veränderungen plant (Wien u. Franzke 2014, S. 43); Strategie schafft Verhalten.

In Unternehmerfamilien kann im Rahmen einer *Familienstrategie* beispielsweise geregelt werden, wie die Regeln der Zugehörigkeit ausgestaltet werden (Rüsen, Kleve u. von Schlippe 2021, S. 17). Zusätzlich adressiert eine Familienstrategie von Unternehmerfamilien die Art und Weise, »wie die Mitglieder der Unternehmerfamilie darüber befinden, wie sie ihre Entscheidungen für das Familienunternehmen treffen wollen, welche Werte, Prinzipien und Strukturen sie dafür schaffen, halten und regelmäßig anpassen möchten« (Kleve 2020a, S. 105). Eine Familienstrategie kann daher dazu dienen, den Familienmitgliedern eine klare Orientierung bereitzustellen, da durch die inhaltliche Festlegung Kontextmarkierungen entstehen (Kleve, von Schlippe u. Rüsen 2019, S. 250).

Kleve (2020a, S. 111 f.) hat drei *Fallen* im Hinblick auf familienstrategische Entscheidungen genannt, deren Ursprung in der pfadabhängigen[16] kulturellen Prägung von Unternehmerfamilien zu finden sind:

- *Erfolgsfalle:* Die Unternehmerfamilie hält an bewährten tradierten Strategien fest, die in der Vergangenheit erfolgreich waren, obwohl sie unter aktuellen gesellschaftlichen Bedingungen nicht mehr haltbar sind.
- *Misserfolgsfalle:* Problematische oder nicht zielführende Strategien, die in der Vergangenheit zu Misserfolgen geführt haben, werden nicht mehr als Möglichkeit in Betracht gezogen, selbst wenn sie unter aktuellen Bedingungen vorteilhaft oder Erfolg versprechend wären.
- *Normalisierungsfalle:* Die Unternehmerfamilie sieht sich nicht (mehr) als besonderen Familientypus. Es findet also eine Verzerrung des Selbstbildes und -verständnisses statt. Sie sieht sich eher als *normale* Familie und übersieht somit die Notwendigkeit einer für diesen Familientypus notwendigen (formalen) Organisation. Die Etablierung und Weiterentwicklung der Familienstrategie und daraus abgeleiteter Strukturen werden nicht proaktiv forciert.

Der Erfolg einer Strategie ist indessen von den strategisch relevanten Bedingungen innerhalb der Unternehmerfamilie abhängig; davon, wie sehr sie durch die Mitglieder unterstützt wird. Ändern sich die Bedingungen oder der Rückhalt innerhalb der Unternehmerfamilie,

16 Zur Vertiefung der Pfadabhängigkeit siehe Schreyögg, Sydow und Koch (2003).

aber auch innerhalb der Familie, des Unternehmens oder Eigentümerkreises, verliert eine Strategie ihre Energie. Hier ist eine möglichst stabile Innenwelt und Umwelt notwendig, die allerdings unter einem dynamischen Blickwinkel kaum haltbar ist (Pümpin u. Koller 1990, S. 306). Gerade weil die Zukunft nicht mittels Prognosen erschlossen werden kann, sollte eine Strategie niemals ausschließlich an Prognosen angelehnt sein bzw. diese als Basis heranziehen (Malik 2013, S. 191). Strategien müssen aber immer hinsichtlich der Frage betrachtet werden, ob in der Unternehmerfamilie Kulturdenken existiert (Tab. 5). Denn dieses legt fest, welche Strategien innerhalb einer Unternehmerfamilie überhaupt realisierbar sind (Hofstede u. Hofstede 2011, S. 407). Ebenso können Kulturveränderungen nicht losgelöst von der Strategie erfolgen (gilt natürlich auch umgekehrt), sondern sie müssen im Zusammenhang einer strategischen Betrachtung der Unternehmerfamilie erfolgen. Die Ausgangsfrage ist daher, welches Problem gelöst oder welches Ziel erreicht werden soll. Somit lautet die grundlegende Frage nicht, *wie* die Kultur gestaltet werden sollte, um die Ziele zu erreichen oder Probleme zu lösen, sondern *welche* Reaktionsmuster die Kultur im Hinblick auf Veränderungen oder Weiterentwicklungen zeigt. Die Kultur erwächst aus dieser Perspektive als eine Art Sensor, der Aufschlüsse bezüglich der Wirkkraft der von der Strategie abgeleiteten Maßnahmen dient (Grubendorfer 2016, S. 75 f.).

Eine Strategie erfüllt folglich eine Zielfunktion, in welche Richtung Anpassungen innerhalb der Unternehmerfamilie vollzogen werden sollen. Gerade bei neuen Strategien besteht eine erhöhte Gefahr, dass diese durch die kulturellen Gegebenheiten vereinnahmt werden und so nicht ihr Potenzial entfalten können. Zwischen Kultur und Strategie besteht daher eine ambivalente Beziehung. Die erfolgreiche Weiterentwicklung oder Neuimplementierung einer Strategie muss sich auf eine entsprechende kulturelle Verwurzelung stützen können und ist auf die Unterstützung des vorhandenen Wertesystems angewiesen, das wiederum durch die jeweilige Kultur entsteht. Ohne einen Gleichklang von Strategie und Kultur oder Unterstützung durch die Kultur wird eine Strategie scheitern. Eine erfolgreiche Umsetzung der Strategie bedarf deshalb wirksamer (starker) kultureller Werte. Jedoch bedingt eine zu stark ausgeprägte Kultur eine selektive Wahrnehmung, welche die Wahl der Strategie beeinflusst, und kann einer strategischen Neuorientierung daher im Wege stehen

(Tab. 5). Dies kann dazu führen, dass hierdurch die Unternehmerfamilie nicht mehr zeitgerecht oder gar nicht in der Lage ist, Signale aus der Umwelt *richtig* zu interpretieren, um strategisch adäquate Anpassungen für eine Neuorientierung zu vollziehen. Es ergibt sich also ein Dilemma aus dem Blickwinkel der Mitglieder (Stichwort: Erfolgs- und Misserfolgsfalle; siehe oben), vor allem in Zeiten schnellen Umbruchs (Pümpin u. Koller 1990, S. 303 ff.). Kultur kann eine Strategie deswegen nicht nur zunichtemachen, sondern tangiert wesentlich deren Entwicklung, Ergebnisse sowie Umsetzung.[17] Dies ergibt sich u. a. aufgrund der Tatsache, dass die Strategieentwickler zugleich Kulturträger sind und hierdurch ihre Sicht auf die Wirklichkeit durch ihre kulturelle Brille gefärbt wird. Somit unterliegt eine Strategieentwicklung immer kulturellen Überzeugungen und kognitiven Verzerrungen, Beschränkungen oder blinden Flecken (Sackmann 2017, S. 101). Wie bereits beschrieben, sollte daher eine Strategieentwicklung immer mit einer Kulturentwicklung einhergehen.

3.3.3 Funktion der Struktur

Der Systemerhalt einer Unternehmerfamilie wird außerdem durch die horizontale und vertikale Gliederungsfunktion der Struktur sichergestellt (Schiersmann u. Thiel 2014, S. 40). Unter Struktur kann »die Gesamtheit der Handlungen und Beziehungen« (Gimeno, Baulenas u. Coma-Cros 2010, S. 53) innerhalb einer Unternehmerfamilie verstanden werden. Sie gibt Auskunft über die Möglichkeit der Selbstorganisation innerhalb der Unternehmerfamilie (ebd., S. 68), beispielsweise durch eine Gremienstruktur und Regelungen, den Familienmitgliedern Möglichkeiten der Partizipation einzuräumen. Im Idealfall unterstützen Strukturen die Unternehmerfamilie beim Management der Bindung und des Zusammenhalts der Mitglieder und des Erwartungsmanagements (Rüsen, Kleve u. von Schlippe 2021, S. 27 ff.). Strukturen innerhalb von Unternehmerfamilien inkludieren somit:

- kulturelle Aspekte (aufgrund der Wechselwirkung)
- Hierarchien
- kulturell geprägte Normen, Regeln und Rollen(erwartungen) (Gimeno, Baulenas u. Coma-Cros 2010, S. 53).

---

17 »Culture eats strategy for breakfast«, lautet der bekannte Ausspruch von Peter Drucker.

Es ist wichtig zu beachten: Die Struktur folgt immer der Strategie bzw. sollte dieser folgen. Existiert keine Vorstellung, wohin die Unternehmerfamilie möchte (Strategie), können keine geeigneten organisatorischen Entscheidungen getroffen werden, um das Ziel zu erreichen (Struktur) (Malik 2013, S. 223). Allerdings wirken die strukturellen Besonderheiten ihrerseits auf die Strategie (Abb. 1 und Abb. 4). Die Beschaffenheit der Struktur ergibt sich (abgesehen von der Strategie) aus der Größe der Unternehmerfamilie und ihrem Zweck. Ausgehend von der Struktur kann die Spezialisierung, Kooperation und Koordination einzelner Subsysteme (Bereiche, Gremien, Familienrat) vollzogen werden (Wien u. Franzke 2014, S. 43). Die Struktur einer Unternehmerfamilie

- dient als (in)formale Gliederung (Schiersmann u. Thiel 2014, S. 118)
- bestimmt die Funktions- sowie Lebensfähigkeit der Unternehmerfamilie
- dient den Mitgliedern zur Erfolgserreichung (Malik 2013, S. 129).

Daneben referenziert Struktur immer auf:

- einen spezifischen Kontext, in dem sie sich herausbildet; sie wird durch die Kultur, den Ort oder die Situation geprägt
- Regeln, die implizit/explizit sein können und Aufschlüsse darüber geben, was (un)erwünscht ist
- Positionen, d. h. hierarchische Unterschiede zwischen den Mitgliedern
- Rollen, die die Mitglieder innerhalb der Unternehmerfamilie und in den Subsystemen einnehmen
- Informationsflüsse sowie -quellen.

Die Strukturen dienen den Mitgliedern (in Unternehmerfamilien z. B. den Mitgliedern der Gremien, Beiräte oder des Vorstands) dazu, die Realisierung der Strategie optimal zu unterstützen (Gimeno, Baulenas u. Coma-Cros 2010, S. 69). Aber auch hier kann die kulturelle Prägung dazu führen, dass nicht alle Strukturvarianten gleichermaßen in Betracht gezogen werden. Erfahrungen (positive/negative) im Hinblick auf Strukturen oder Prozesse finden ihren Weg ins kulturelle Gedächtnis einer Unternehmerfamilie, werden unter guten oder schlechten Verfahrensweisen abgespeichert und erfahren situationsspezifisch eine Anpassung (Sackmann 2017, S. 104).

Kultur antwortet auf Irritationen aus ihrer Umwelt mit ihren internen Strukturen. Wie und in welcher Art zu reagieren ist, hat sich aufgrund von Erfahrungslernen im System bzw. kulturell etabliert; in gewisser Hinsicht nach dem Motto *Versuch und Irrtum*. Erfolgreiche Handlungen oder Verhaltensweisen werden wiederholt und prägen sich in das kulturelle Gedächtnis ein; die weniger bzw. nicht erfolgreichen scheiden aus. Was schlussendlich kulturell verankert wird, unterliegt einer gewissen Beliebigkeit und ist gruppenspezifisch. Kultur entsteht nicht aufgrund einer zielgerichteten Auswahl, sondern als Antwort auf die Anforderungen der Umwelt (Grubendorfer 2016, S. 62f.).

3.3.4 Fazit

Gruppen und speziell Organisationen und damit auch Unternehmerfamilien sind komplexe soziale Systeme. Soll darin ein Verständnis im Hinblick auf die Wirkmechanismen und das sich darin vollziehende menschliche Verhalten entwickelt werden, muss es vor dem Hintergrund bzw. innerhalb des Rahmens der jeweiligen Unternehmerfamilie mit ihrer jeweiligen kulturellen Prägung, den verfolgten Strategien, den ausgebildeten Strukturen und der jeweiligen Umwelt betrachtet werden, um sinnvolle Aussagen treffen zu können. Zwischen diesen Größen bestehen Wechselbeziehungen (Abb. 4). Die einzelnen Mitglieder agieren innerhalb dieses komplexen Spannungsverhältnisses und müssen für die Funktionsfähigkeit der Grundpolaritäten Kultur, Strategie und Struktur unter Berücksichtigung der Subsysteme Sorge tragen.

Damit eine Unternehmerfamilie ihre Überlebensfähigkeit sichern kann, ist es für sie dringend erforderlich, Änderungen in ihrer Umwelt und intern frühzeitig zu erkennen und sich diesen mittels Strategien und Strukturen anzupassen. Kultur dient hier als eine Art Sensor und erfüllt die wichtige Funktion des frühzeitigen Erkennens sowie bei der Anpassung und Weiterentwicklung.

3.4 Strukturelles Risiko in Unternehmerfamilien

Zur Sicherung des transgenerationalen Fortbestands besteht für die Unternehmerfamilie das zwingende Erfordernis, ihre Funktionsfähigkeit im Hinblick auf das Zusammenspiel von Familie, Unternehmen und Eigentümerkreis sicherzustellen. Die Herausforderung besteht darin, den wachstumsbedingten Anstieg der Komplexität jedes einzelnen Subsystems zu managen; denn durch den Anstieg der Komplexität in den Subsystemen erhöht sich auch die Komplexität auf der Ebene der Unternehmerfamilie und das ihr innewohnende *strukturelle Risiko.*[18] Das strukturelle Risiko kann als ein Maß für die potenzielle Gefährdung des transgenerationalen Bestands von Familienunternehmen und Unternehmerfamilien angesehen werden; es ist eine »unvorhergesehene Kettenreaktion schwer kontrollierbarer Ereignisse« (Gimeno, Baulenas u. Coma-Cros 2010, S. 47). Unternehmerfamilien unterscheiden sich nicht nur kulturell voneinander, sondern auch im Hinblick auf

- den Komplexitätsgrad der Familie
- den Komplexitätsgrad des Unternehmens
- den Komplexitätsgrad des Eigentümerkreises.

Der Komplexitätsgrad sowie die sich entwickelte Kultur einer Unternehmerfamilie liefern eine Antwort auf die Frage, warum in Familienunternehmen völlig unterschiedliche Strategien und Strukturen der Steuerung, Führung und Kontrolle entstehen, selbst wenn die Grundparameter des Unternehmens (Alter, Größe, Anzahl der Familienmitglieder) deckungsgleich sind (Rüsen, von Schlippe u. Gimeno 2017, S. 46).

Je Subsystem können die in Tabelle 9 dargestellten Indikatoren genannt werden, die Aufschlüsse über den vorherrschenden Komplexitätsgrad innerhalb von Unternehmernehmerfamilien zulassen (ebd., S. 48; Gimeno, Baulenas u. Coma-Cros 2010, S. 55 u. 65).

Hieraus erwachsen jeweils individuelle und unternehmerfamilientypische Herausforderungen, aber auch Dysfunktionen. Steigende Komplexität innerhalb der Subsysteme führt zu einem Anstieg des strukturellen Risikos. So führt z. B. ein Anstieg der Mitgliederzahl unweigerlich zu einer wachsenden Anzahl unterschiedlicher Interessenlagen, wodurch sich die Wahrscheinlichkeit von Missverständnissen, Bündnissen, Subgruppen, Subkulturen und Machtkämpfen erhöht. Das Verständnis des Komplexitätsprofils einer Unternehmer-

18 Das Konzept des strukturellen Risikos haben Gimeno, Baulenas und Coma-Cros (2010) für Familienunternehmen entwickelt. Es wird in dieser Arbeit auf Unternehmerfamilien übertragen und im Hinblick auf die Kultur- und Strategiedimension sowie durch die Darstellung der Komplexität des Eigentümerkreises erweitert.

Subsystem	Einflussfaktoren der Komplexität
Familie	• Größe (Anzahl an Familienmitglieder) • Altersstruktur der Mitglieder, Generation • Qualität der Geschichten • Art und Ausprägung von Konflikten • Familienzusammenhalt (Wie versteht man sich?) • Formen der Verbindungen (u. a. Adoptionen, zusammenlebende Partner, Scheidungen) • Wissen und Kompetenz der Familienmitglieder • Entscheidungsfähigkeit der Familie • Verschiedenheit der Lebensphasen • Anzahl der Familienzweige bzw. Anzahl der Kernfamilien, denen Einfluss zugesprochen werden muss • Verschiedenheit der Lebenserfahrungen der Mitglieder • Unterschiede der Interessen
Unternehmen	• Größe und Geschwindigkeit des Wachstums • Qualität der Strategie (explizit/implizit) • Branche (eine/mehrere) • Instabilität/Stabilität des Marktumfeldes • Typologie des Wirtschaftszweigs • Finanzierungsform • Gesellschaftsform • Grad der Internationalisierung • Familienmitglieder in Unternehmen bzw. Führung • Wissenschaftlicher und technischer Fortschritt, Digitalisierung, Telekommunikation, Liberalisierung der Märkte • Anzahl der operativen Einheiten (Teams, Abteilungen, Bereiche) • Anzahl der Standorte • Vielfalt der Produkte • Niveau der Integration der Wertschöpfungskette
Eigentümerkreis	• Größe (Anzahl der Anteilseigner) • Streuung der Anteile • Ausschüttungspolitik • Gewinnerwartungen • Art der Entscheidungsfindung • (Verteilung der) Stimmrechte • Ausgestaltung der Kontrollgremien • Ausgestaltung der vertraglichen Beziehungen

Tab. 9: Einflüsse auf das Komplexitätsprofil einer Unternehmerfamilie

familie eröffnet somit Einblick in das Ausmaß der Ungewissheit und der potenziellen Konfliktanfälligkeit, denen die Mitglieder ausgesetzt sind (Rüsen, von Schlippe u. Gimeno 2017, S. 47 f.). Laut Gimeno, Baulenas und Coma-Cros (2010, S. 46 ff.) kann das strukturelle Risiko in Unternehmerfamilien anhand von drei unterschiedlichen Stellschrauben reduziert werden. Punkt drei wurde für dieses Buch ergänzt, sodass vier Stellschrauben existieren:

1) Komplexitätsreduktion der Familie
2) Komplexitätsreduktion des Unternehmens
3) Komplexitätsreduktion des Eigentümerkreises
4) Entwicklung einer klaren Beziehungsstruktur der drei Subsysteme: Regelungsmechanismen, um die Einflüsse von Familienmitgliedern zu kanalisieren.

Damit eine Unternehmerfamilie den unterschiedlichen und sich teilweise widersprechenden Anforderungen der drei Subkulturen begegnen kann, muss sie stabile Strukturen etablieren, die dem jeweiligen Komplexitätsniveau der drei Subsysteme angemessen sind. Je geringer die Struktur in Relation zum vorherrschenden Komplexitätsniveau der Unternehmerfamilie ausgeformt ist, desto stärker steigt das strukturelle Risiko und reduziert die Stabilität. Anders ausgedrückt: Je größer die Komplexität von Familie, Unternehmen und Eigentümerkreis und je weniger die Regelsysteme auf der Ebene der Unternehmerfamilie ausgearbeitet sind und verbindlich gelten, desto größer ist das Risiko, dem die Unternehmerfamilie ausgesetzt ist (Rüsen, von Schlippe u. Gimeno 2017, S. 47). Für die Unternehmerfamilie steigt somit die Diskrepanz im Umgang mit den Gegebenheiten. Dies führt zu einer Destabilisierung und erhöht das strukturelle Risiko innerhalb der Unternehmerfamilie (Gimeno, Baulenas u. Coma-Cros 2010, S. 47). So können z. B. familiäre Konflikte im Extremfall zum Untergang des Unternehmens führen.

Möchte die Unternehmerfamilie daher langfristig fortbestehen, besteht für sie die Notwendigkeit, sich ab einem bestimmten Komplexitätsgrad der Subsysteme mittels Strategien und vor allem mittels Strukturen zu organisieren (von Schlippe, Groth u. Rüsen 2017, S. 104). Hier gilt das in der angelsächsischen Literatur als *Ashby's Law* bezeichnete Gesetz (Ashby 1956, p. 206 ff.). Abgeleitet bedeutet dies für Unternehmerfamilien: Für den Umgang der Unternehmerfamilie mit ihrer komplexen inneren und äußeren Umwelt benötigt die Unternehmerfamilie mindestens ebenso viel (Regulierungs-)Komplexität (Malik 2013, S. 58 f.). Die Unternehmerfamilie muss, um mit der Komplexität ihrer Subsysteme umgehen zu können, ihren eigenen Komplexitätsgrad erhöhen. Vor diesem Hintergrund kann den in Unternehmerfamilien ausgeformten Strukturen ein maßgeblicher Einfluss dahingehend zugesprochen werden, ob die Mitglieder ein entwicklungsförderndes Milieu vorfinden oder ob dieses eher zu Resignation und Rückbau der Kompetenzen beiträgt (Lassl 2019,

p. VIII). Strukturen können die Komplexität reduzieren helfen, indem sie das Verhältnis der drei Subsysteme regeln und ausbalancieren.

Wie allerdings in Abschnitt 3.3.3 ersichtlich wurde, darf eine Struktur(entwicklung) nicht losgelöst betrachtet (vollzogen) werden. Struktur steht in einer wechselseitigen Beziehung zu Kultur und Strategie (Abb. 4). Spiegeln sich die kulturellen Eigenheiten nicht in den Strukturen wider, bzw. vollzieht sich kein Abgleich zwischen den drei Größen, werden etablierte Strukturen nicht nachhaltig sein. Als Erweiterung der Formel von Gimeno, Baulenas und Coma-Cros (2010, S. 47) können die Zusammenhänge wie in Abbildung 5 dargestellt werden.

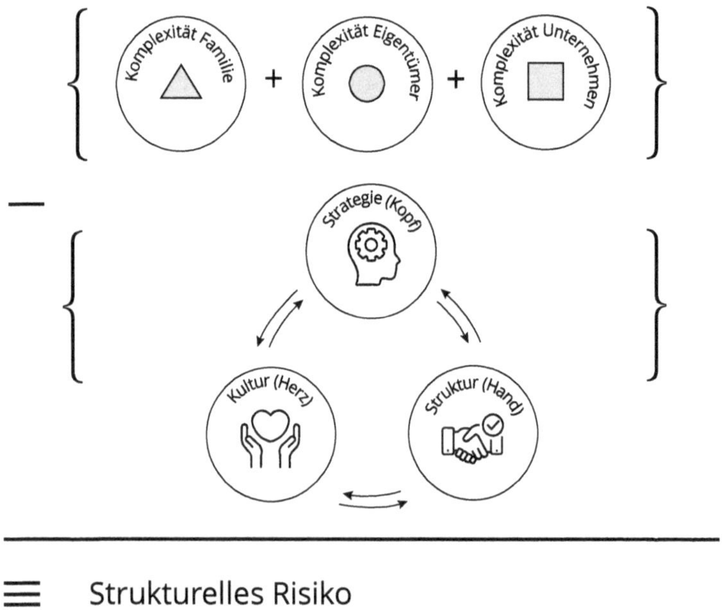

Abb. 5: Strukturelles Risiko von Unternehmerfamilien

Folgende Formel ergibt sich:

$$[\text{Komplexität}_{\text{Familie}} + \text{Komplexität}_{\text{Eigentümerkreis}} + \text{Komplexität}_{\text{Unternehmen}}]$$
$$- \text{Wechselspiel aus Kultur, Strategie und Struktur} \equiv \text{strukturelles Risiko}_{\text{Unternehmerfamilie}}$$

Das strukturelle Risiko wird durch die Komplexitätsgrade der Familie, des Unternehmens und des Eigentümerkreises erhöht. Eine Reduktion ist dann möglich, wenn entsprechende (formale) Strukturen auf der Ebene der Unternehmerfamilie installiert werden, die das strukturelle Risiko allerdings nur unter Berücksichtigung der vorherrschenden Kultur und der sich daraus ableitbaren Strategie sinnvoll und nachhaltig reduzieren können. In Tabelle 10 sind Faktoren aufgelistet, die kulturell, strategisch und strukturell dazu beitragen können, die Komplexitätsgrade der drei Subsysteme auf der Ebene der Unternehmerfamilie und somit das strukturelle Risiko zu reduzieren (Rüsen, von Schlippe u. Gimeno 2017; Gimeno, Baulenas u. Coma-Cros 2010).

Bereich	Maßnahme/Faktor
Kultur	• Grad der Bereitstellung der Kulturfunktionen (Tab. 3) • Stärke der Kultur (Tab. 4) • Ausmaß des positiven Effekts der Kultur (Tab. 5) • Koordinierungsleistung der drei Subkulturen • Sozialisierungsfunktion für die Mitglieder • Bereitstellung einer gemeinsamen Vision • Sicherstellung der Kohäsion der Mitglieder • Bereitschaft für Veränderungen • Förderung der Leistungskraft • Sicherung des transgenerationalen Fortbestands • Transformation und Integration interner und externer Treiber • Attraktivität für externe Führungskräfte
Strategie	• Berücksichtigung von Trends • Erkennung von Chancen und Abschätzung der Konsequenzen • Förderung von nachhaltiger Innovationskraft und Kreativität • Klarheit über Stärken und Schwächen • Identifikation der Bedürfnisse der Mitglieder • Maßnahmen für Onboarding von Nachfolgern • Sichtbarkeit (Branding) der Unternehmerfamilie für alle Mitglieder • Bereitstellung effizienter und effektiver Prozesse • Sicherstellung der Lern- und Veränderungsbereitschaft • Nutzung von Synergien zwischen den Subsystemen
Struktur	• Grad der Institutionalisierung (u. a. Beiräte, Familienrat) • Abgrenzung von Eigentum und Führung • Transparente Ausschüttungspolitik • Information an und Rechenschaft gegenüber Gesellschaftern • Klarheit der Kommunikation • Strukturierte und gemeinsam erarbeitete Familienverfassung • Ausmaß der Klärung der Rolle und Funktion von Familienmitgliedern • Professionalität der Führung • Klare Nachfolgeregeln und -regelungen • Entmystifiziertes Fremdmanagement

Tab. 10: Maßnahmen bzw. Faktoren für den Umgang mit Komplexität

Abschließend sei nochmals darauf hingewiesen: Der Kultur muss ein wesentlicher Einfluss auf die Reduktion von Komplexität innerhalb der Unternehmerfamilie zugesprochen werden. Sie bündelt die Gesamtheit der Gerechtigkeitslogiken und koordiniert die sich daraus entwickelnden kulturellen Unterschiede der Subsysteme. Jedoch wirkt Kultur nur im wechselseitigen Zusammenspiel mit Strategie und Strukturen (Abb. 4). Diese drei Größen stehen in einer wechselseitigen Beziehung zueinander und beeinflussen sich gegenseitig, sie fördern oder hemmen die Funktionsfähigkeit der Unternehmerfamilie. Eine *starke* Kultur im Zusammenspiel mit Strategie und Strukturen wirkt dem in Unternehmerfamilien innewohnenden *strukturellen Risiko* entgegen, das wachstumsbedingt unweigerlich durch die steigende Komplexität der Familie, des Unternehmens und des Eigentümerkreises entsteht. Vor allem beeinflusst die Kultur, wie Unternehmerfamilien mit den folgenden Herausforderungen umgehen (Rüsen, Kleve u. von Schlippe 2021, S. 27):

- Strukturierung von Gremien und Möglichkeiten der Partizipation
- Ausformung der Kommunikation innerhalb der Unternehmerfamilie
- Kompetenzaufbau von Familienmitgliedern und/oder Auswahl geeigneter Mitglieder für interne Positionen
- Gestaltung der Vermögens- und Ausschüttungspolitik
- Umgang mit Konflikten oder konfliktreichen Situationen
- Umgang mit Impulsen aus der Umwelt (Gesellschaft).

Die Betrachtung des strukturellen Risikos in Unternehmerfamilien ermöglicht es, diese im Hinblick auf die Komplexität ihrer Subsysteme zu unterscheiden, und bietet der Unternehmerfamilie die Möglichkeit, Entscheidungsrisiken zu reflektieren, da die unterschiedlichen Logiken ins Bewusstsein rücken können (Rüsen, von Schlippe u. Gimeno 2017, S. 46).

3.5 Kultur als Resilienzressource für Unternehmerfamilien

Resilienz beschreibt zunächst die psychische Widerstandsfähigkeit eines Menschen und kann verstanden werden als die »Fähigkeit, Krisen zu bewältigen und sie durch Rückgriff auf persönliche und sozial vermittelte Ressourcen als Anlass für Entwicklungen zu nutzen« (Klein u. Meerwald 2020, S. 28). Als Resilienz werden die

- innere Widerstandskraft,
- Flexibilität oder
- Fähigkeit im Umgang mit Belastungen

aufgefasst, die sich der Mensch im Zuge seines bisherigen Lebens angeeignet hat (ebd.). Hierdurch wird es diesem, in weiterer Folge aber auch einer Unternehmerfamilie ermöglicht, geeignete Strategien und Handlungen umzusetzen, die zu einer Bewältigung eines als krisenhaft empfundenen Zustands beitragen (Kleve, Nagel u. Köllner 2022, S. 183). Wird die Unternehmerfamilie zunächst im Kontext der Gesellschaft betrachtet, so lautet die erste Frage (Kleve 2019a, S. 294; Hervorh. i. Orig.),

> »*was die Funktion der Unternehmerfamilie in der Gesellschaft sein könnte* oder – anders gefragt: was wegfallen würde, wenn die Unternehmerfamilie als gesellschaftliche Struktur verebbt. Ein Schlüssel zur Beantwortung dieser Frage könnte die besondere Resilienz von Familienunternehmen sein, die sich etwa in Wirtschaftskrisen zeigt. Im Gegensatz zu anderen Unternehmen erweisen sich Familienunternehmen regelmäßig als widerstandsfähiger gegenüber wirtschaftlichen Wechselverhältnissen.«

Wie das Zitat verdeutlicht, trägt die Unternehmerfamilie wesentlich zur Widerstandsfähigkeit (Resilienz) von Familienunternehmen bei. Aufgrund der Kopplung kann dies aber nur gelingen, wenn die Unternehmerfamilie selbst die Fähigkeit aufweist, auf persönliche und sozial vermittelte Ressourcen und Kompetenzen (ihrer Mitglieder) zurückzugreifen. Der Unternehmerfamilie dient dann deren Resilienz dazu, den Umgang mit inneren und äußeren Krisen, aber auch mit der vorherrschenden Komplexität zu gestalten. Das Ausmaß der Resilienz kann für die Unternehmerfamilie als Ressource aufgefasst werden – als ökonomische, aber auch soziale Kraftquelle –, die der Unternehmerfamilie einen konstruktiven Umgang mit Gefährdungen ermöglicht (Heil 2022, S. 4).

Die Resilienz der Unternehmerfamilie kann sich allerdings nur entwickeln, wenn das Milieu dazu beiträgt, sie zu fördern und zu stärken. Hier stellt Kultur das entsprechende Milieu bereit; die Kultur nimmt Einfluss auf die Verhaltensweisen der Mitglieder und ihr kann ein Einfluss auf den Erfolg oder Misserfolg einer Unternehmerfamilie und somit des Unternehmens zugesprochen werden (Bauschke 2014, S. 16). Dabei entsteht speziell die organisationale Resilienz durch das Wechselspiel mit der Kultur, d. h., Kultur und (das Ausmaß der) Resilienz entwickeln sich koevolutionär, und so kann Kultur(arbeit) zu einer Stärkung der organisationalen Resilienz beitragen. In diesem Zusammenhang kann Resilienz als kulturelles Phänomen aufgefasst werden; Kultur und Resilienz stehen somit in einer direkten wechselseitigen Beziehung zueinander (Hoffmann 2017, S. 97 f.). Resilienz ist also auch eine kulturell bedingte Kernressource für Unternehmerfamilien, die den transgenerationalen Bestand gegenüber ungünstigen inneren und umweltbedingten Gefährdungspotenzialen sicherstellen kann.

Dabei erfolgt der Erwerb von Resilienz ebenfalls durch Selbstorganisationsprozesse, wobei hier nicht nur von einer Passivität ausgegangen werden darf. Resilienz wird aktiv durch Sozialisationsprozesse (Heil 2022) erworben, gebraucht (gelebt), kulturell modifiziert (weiterentwickelt) und dient als Systemeigenschaft bzw. als spezifische Systemqualität, die für eine Kultur typisch ist. Ähnlich wie Kultur ist Resilienz interaktiv durch Austauschbeziehungen innerhalb der Unternehmerfamilie und gegenüber ihrer jeweiligen Umwelt charakterisiert (Klimecki u. Probst 1990, S. 41). Das Ausmaß an Resilienz prägt die Unternehmerfamilie sowie deren Kultur und dient dieser zur Komplexitätsreduktion bzw. zum Umgang mit komplexen Anforderungen, indem ihr auch eine Steuerfunktion nach innen und außen zugedacht werden kann.

Kategorie	Resilienznarrativ
Haltung	• Wertepräferenz: »Es geht um Sinn, nicht um Profit.« • Autonomie: »Behalte die Zügel in der Hand.« • Durchhaltepräferenz: »Wir schaffen das.« • Geschlossenheit: »Vorsicht ist besser als Nachsicht.«
Familiarität	• Zusammenhalt: »Gemeinsam sind wir stark.« • Familienkonservativismus: »Wir sind eine traditionelle Familie.« • Treuhänderschaft: »Das Unternehmen ist ein Geschenk auf Zeit.« • Nachfolge: »Qualifikation steht an oberster Stelle.«
Unternehmertum	• Unternehmenspriorität: »Der Fortbestand hat oberste Priorität.« • Flexibilität: »Wir gehen auch unkonventionelle Wege.« • Innovation: »Aufgeben ist keine Option.« • Glück: »Zum Erfolg gehört immer auch eine gewisse Portion Glück.«

Tab. 11: Resilienznarrative transgenerationalen Unternehmertums

Eine Möglichkeit, wie Unternehmerfamilien ihre organisationale Resilienz stärken bzw. sie sich selbst die Langfristigkeit ihres Bestands erklären, ist die *Erzählung und Weitergabe von kulturell verankerten Erfolgsgeschichten innerhalb der Familie.* Mittels Interviews von bereits mehrere Jahrhunderte bestehenden Unternehmerfamilien konnten Kleve, Nagel und Köllner (2022) die in Tabelle 11 dargestellten Erzählungen (Narrative) herausarbeiten, die die Resilienz innerhalb der Unternehmerfamilie stärken. Die Autoren unterteilen sie in drei Kategorien (ebd., S. 180).

Diese *Narrative der Resilienz* dienen den interviewten Unternehmerfamilien als Sinn- und Bedeutungsrahmen, wobei der vorherrschenden Kultur bei der Erschließung des Sinns eine wesentliche Rolle zugesprochen werden muss (Tab. 3). Den Mitgliedern wird es dadurch ermöglicht, den Umgang mit Krisen zu gestalten, da die Narrative

- dazu dienen, die Bindung zwischen Mitgliedern zu sichern und
- eine gegenwarts- und zukunftsbezogene Funktion erfüllen, indem sie den Optimismus stärken, gegenwärtige Krisen ebenso erfolgreich zu bewältigen, wie es vergangene Generationen geschafft haben.

Die kulturell verankerten Geschichten unterstützen die Resilienz somit im Hinblick auf die Gegenwart und können zu einer positiven Grundhaltung gegenüber einer (ungewissen) Zukunft beitragen (ebd., S. 183 f.). Die eigene Resilienz der Unternehmerfamilie kann daher dazu dienen, dass diese sich eine »Lebenskultur« (Klein u. Meerwald 2020, S. 35) aneignet, die dazu beiträgt,

- sich der eigenen Widerstandsfähigkeit bewusst zu sein,
- diese kontinuierlich und kritisch zu reflektieren und
- diese (vor allem in krisenhaften Situationen/Phasen) zu nutzen.

Dazu muss allerdings ein bewusster Umgang mit den eigenen Ressourcen und Kompetenzen geschaffen werden; vor allem die Eigenverantwortung ist hier ein zentraler Faktor (ebd.).

Im Hinblick darauf liefert besonders die kulturelle Verankerung einen Nährboden für die Entwicklung von Resilienz(faktoren) (Masten 2016, S. 237 ff.; Hoffmann 2017, S. 82 f.). Als *Resilienzfaktoren* werden – im Sinne dieses Buches – Eigenschaften aufgefasst, die die Mitglieder aus Unternehmerfamilien bei der Bewältigung herausfordernder Lebensumstände unterstützen (Heil 2022, S. 11). Wie bereits angeführt, gilt das z. B. für das Komplexitätsmanagement und die Sicherung des transgenerationalen Fortbestands. Vor allem dient die Kultur bzw. die kulturelle Qualität dabei als Rahmengeberin für die Entwicklung der (organisationalen) Resilienz, d. h., die Kultur ist ein wesentlicher Kontext, der förderlich auf die Entwicklung einzelner Resilienzfaktoren wirkt. Wie in den vorangegangenen Ausführungen deutlich wurde, wird der kulturelle Kontext u. a. durch die geschichtliche Entwicklung der Unternehmerfamilie geprägt. Hierdurch entwickeln und bestehen kontextspezifische Basisüberzeugungen, Werte sowie Normen, die einen Einfluss darauf haben,

- welche Themen besprochen werden dürfen,
- welche Tabus existieren,
- welche Lösungswege in Betracht gezogen werden können oder
- nach welchen impliziten oder expliziten Spielregeln (Erwartungen) gehandelt wird.

Dies wirkt unweigerlich auf die Ausprägung einzelner Resilienzfaktoren. In Abbildung 6 werden neun Resilienzfaktoren im Zusammenspiel mit Kultur dargestellt, die Unternehmerfamilien dabei unterstützen können, ihre eigene Widerstandskraft zu stärken. Sieben der neun Resilienzfaktoren sind *klassische* Resilienzfaktoren (z. B. Gruhl 2022; Gatt u. Meerwald 2018, S. 29 f.; Hoffmann 2017, S. 81; Heller, Elbe u. Linsenmann 2012), die mittels des Wiener Systemischen Resilienz Modells (Klein u. Meerwald 2020) um zwei Faktoren (Bewusstsein und Systemklarheit) ergänzt wurden. Klein und Meerwald (ebd., S. 32) entwickelten die zwei letztgenannten Resilienzfaktoren durch ihre Aufstellungstätigkeit, bzw. wurden deren Bedeutung sowie Einfluss durch die Aufstellungsarbeit im System offensichtlich.

Kultur ist einerseits das zentrale Milieu, das die Ausformung der einzelnen Resilienzfaktoren fördert, und stellt andererseits das Bindeglied zwischen den Faktoren dar. Die einzelnen Faktoren beeinflussen einander, haben eine wechselseitige Rückkopplung aufeinander und auf die Kultur und können der Unternehmerfamilie bei der Stärkung der organisationalen Resilienz helfen. Diese kann dann wiederum zu einer Komplexitätsreduktion beitragen, welche wie folgt entsteht:

- durch das Zusammenspiel der drei Subsysteme
- durch zwischenmenschliche Beziehungen
- durch die Aufbau- und Prozessorganisation der Unternehmerfamilie.

Abb. 6: Kultur als Ressource für (sieben plus zwei) Resilienzfaktoren

Als spezifische Systemqualität übernimmt Resilienz einerseits eine Steuerungsfunktion nach innen sowie außen, andererseits wirkt sie identitätsstiftend für die Unternehmerfamilie.

Den Resilienzfaktoren *Systemklarheit* und *Bewusstsein* kommt vor dem Hintergrund der thematischen Ausrichtung dieses Buches eine besondere Rolle zu. Beide fördern die Ausprägung der anderen sieben Faktoren und gewähren einen Zugang zur Kultur; zur kulturellen Widerstandsfähigkeit aber auch zu (unbewussten) Dysfunktionalitäten. Sie stellen systemische Resilienzfaktoren dar, während die anderen sieben Resilienzfaktoren die individuelle Ebene adressieren. So kann das Ausmaß von Systemklarheit und Bewusstsein über die kulturellen Eigenheiten und Prägungen wesentlich dazu beitragen, Veränderungen und Herausforderungen zu bewältigen. Kulturbedingte Hemmnisse können durch diese zwei Resilienzfaktoren aufgedeckt, erklärt und somit der Umgang damit gestaltet werden. Vor allem der in Kapitel 5 dargestellte Methodenkoffer dient dazu, Systemklarheit und Bewusstsein über die kulturellen Besonderheiten einer Unternehmerfamilie herzustellen.

Anschließend werden die einzelnen Resilienzfaktoren erklärt (angelehnt an die oben angeführten Autoren). Es sei an dieser Stelle noch darauf hingewiesen, dass in der Praxis nicht immer alle Faktoren ausgeprägt sind bzw. dass sie unterschiedlich stark ausgeprägt sein können. Wie das Erscheinungsbild ist und wie die Faktoren interpretiert werden, hängt von der jeweiligen Unternehmerfamilie und deren kultureller Prägung bzw. Brille ab.

3.5.1 Resilienzfaktor Optimismus

Krisen und schwere Lebenslagen sind in der Regel durch eine zeitliche Begrenzung charakterisiert; sie haben ein zeitliches Ablaufdatum. Optimismus unterstützt die Unternehmerfamilie dabei, das nötige Vertrauen in die Überwindung einer Krise oder schwierigen Lebenslage nicht zu verlieren; er dient als Durchhaltepräferenz. Somit besteht die Möglichkeit, die herausfordernde Situation aus einer anderen Perspektive wahrzunehmen; es eröffnen sich neue Handlungsräume. Hier gilt es, Vertrauen dahingehend zu entwickeln, dass es wieder besser wird.

Somit wirkt Optimismus dem Gefühl der Starre entgegen und eröffnet neue Handlungsspielräume und -impulse. Auch ausweglos erscheinende Situationen erfahren so eine andere Perspektive/Weitung zur Bewältigung. Dazu sollte der Fokus nicht nur auf die negativen Gesichtspunkte gerichtet werden, sondern die innewohnende Chance bewusst (kulturell) in den Vordergrund gestellt und hervorgehoben werden.

Optimismus in Unternehmerfamilien

- unterstützt den Umgang mit Widrigkeiten
- trägt dazu bei, Chancen in einer scheinbar noch so ausweglosen Situation zu erkennen und zu nutzen
- trägt dazu bei, nicht in einer Starre zu verharren, sondern in die Handlung zu gehen
- hilft den Umgang mit der (unsicheren) Situation zu gestalten, unterstützt den Fokus auf das Schöne.

3.5.2 Resilienzfaktor Verantwortung

Verantwortung spiegelt den Willen wider, verpflichtende (auch unliebsame) Aufgaben zu erfüllen und dafür Sorge zu tragen, dass dies erfolgreich geschieht. Dazu zählt auch, etwaigen Schaden abzuwenden. In Unternehmerfamilien ist Verantwortungsbewusstsein z. B. im Hinblick auf das treuhänderische Prinzip ein wesentlicher Wert. Menschen mit Verantwortung übernehmen die Konsequenzen ihrer Handlungsweisen; Verantwortung entsteht aus einem moralischen Pflichtgefühl nicht nur der Familie, sondern auch sich selbst und dem Unternehmen gegenüber. Allerdings kann zu viel Verantwortung als Last empfunden werden. Gerade die Nachkommen von Unternehmerfamilien können einem Verantwortungsdruck unterliegen, der sich negativ auf den Nachfolgewillen auswirkt, z. B. die Last der vorherigen Generationen oder die Last, das Unternehmen weiterhin erfolgreich zu führen.

Verantwortung ist darin ersichtlich, sich entsprechende Kenntnis über die jeweils zu erfüllende Aufgabe anzueignen, um dann in die Umsetzung zu gehen; Zielklarheit ist hier ein bedeutender Faktor.

Verantwortung in Unternehmerfamilien bedarf

- Wissen/Reflexion über die eigenen Leistungsgrenzen und darüber, wie die Leistung gestärkt werden können
- das Hinterfragen der eigenen Überzeugungen
- das Zulassen neuer Perspektiven
- die Bereitschaft, aus eigenen Fehlern zu lernen.

3.5.3 Resilienzfaktor Zukunftsorientierung

Zukunftsorientierung kann als Ausrichtung der Denk- und Handlungsweisen auf zukünftige Geschehnisse aufgefasst werden. Ziel und Zweck ist es, mögliche Szenarien frühzeitig zu erfassen und sich darauf vorzubereiten in Form einer Risikosteuerung / eines Risikobewusstseins. Hier ist der Blick auf zukünftige Chancen, Innovationen sowie die strategische Ausrichtung der Unternehmerfamilie gerichtet.

Damit einher geht die Festlegung von Zielen und die Planung der Zielerreichung durch daraus abgeleitete Maßnahmen. Dies inkludiert die regelmäßige Reflexion (Soll-Ist-Abgleich), um die Ziele den Gegebenheiten anzupassen.

Zukunftsorientierung hat aber auch einen starken Bezug auf die Gegenwart, da im *Hier* und *Jetzt* die Frage beantwortet werden muss, welche Mitglieder gestärkt werden sollten, welche Kompetenzen erforderlich sind oder welche Freiräume gewährt werden sollten, damit ein Umgang mit zukünftigen Ereignissen gestaltet werden kann. Ausgangspunkt ist der achtsame Umgang miteinander, um die Zukunft zu antizipieren.

Zukunftsorientierung ermöglicht Unternehmerfamilien,

- den Fokus auf in der Zukunft liegende Möglichkeiten sowie Stärken, aber auch Gefahren zu richten

- die Entwicklung ihrer Vision sowie Strategie und die Klärung der Frage, welche Ziele damit verfolgt werden sollen
- einen Bedeutungsrahmen für die Mitglieder zu schaffen
- den transgenerationalen Bestand zu sichern, indem z. B.
  - die junge Generation frühzeitig an ihre zukünftige Rolle durch entsprechende (Bindungs-/Bildungs-)Angebote herangeführt wird
  - Rahmenbedingungen geschaffen werden, die das Unternehmertum ermöglichen und attraktiv gestalten.

3.5.4 Resilienzfaktor Lösungsorientierung

Lösungsorientierung eröffnet einen Raum, der es ermöglicht, nicht dauerhaft an Problemen zu verhaften. Gerade wenn Unternehmerfamilien zu sehr und ständig an Probleme denken, ihnen zu viel Energie zufließen lassen, können diese übermächtig erscheinen und Flexibilität zunichtemachen. Ein Problem trägt immer eine Lösung in sich. Dieser gilt es sich zuzuwenden, um nicht in der Rolle des Opfers zu verharren und die Situation als ausweglos wahrzunehmen.

Dabei müssen Lösungen nicht sofort vorliegen bzw. erkennbar sein; ihnen muss aber der entsprechende kulturelle Rahmen und Zeit eingeräumt werden, damit sie sich entwickeln können. Ebenso sollten die Konsequenzen einer Lösung bzw. eines Lösungsweges kontinuierlich hinterfragt werden. So trägt der bewusste Fokus auf eine Lösung dazu bei, sich den Raum und die Zeit zuzugestehen, die es für die Bewältigung des Problems benötigt. Dabei geht es jedoch nicht darum, das Problem komplett zu ignorieren; auch dieses braucht Aufmerksamkeit. Es sollte aber vermieden werden, dass dies zu einem Hemmschuh wird.

Lösungsorientierung in Unternehmerfamilien

- eröffnet neue Perspektiven und weitet den Handlungsspielraum
- ermöglicht die Konzentration auf die eigenen Möglichkeiten und das Machbare
- mildert die Übermächtigkeit eines Problems oder einer Herausforderung ab
- unterstützt den Übergang von einer Tradierung in die Zukunft.

3.5.5 Resilienzfaktor Selbstwirksamkeit

Eine Grundvoraussetzung für die Übernahme von Verantwortung für das eigene Leben, für das eigene Tun und Handeln, aber auch für das Miteinander innerhalb der Unternehmerfamilie ist Selbstwirksamkeit: die Überzeugung und Erfahrung, selbst in der Lage zu sein, widrige Situationen oder Lebensumstände durch gesetzte Verhaltensweisen und Entscheidungen bewältigen zu können. Gerade bei neuen Situationen, seien sie familiär, wirtschaftlich oder sozial, ist es von Vorteil, auf die eigenen Ressourcen zu vertrauen, um sich die Bewältigung der Anforderungen zuzutrauen, selbst wenn anfänglich noch (externe) Unterstützung erforderlich ist. Ein gesundes Vertrauen in sich ist ein wesentlicher Grundpfeiler für die eigene Selbstwirksamkeit. Trotz widriger Umstände unterstützt Selbstvertrauen das eigene Handeln.

Dazu ist es wichtig, dass sich Unternehmerfamilien ihre eigenen Fähigkeiten, Stärken und Bedürfnisse vergegenwärtigen, sich dieser bewusst zu sein und darauf zu vertrauen. Diese Sichtweise, wenn sie kulturell verankert ist, hat unmittelbar Einfluss auf die eigenen Denkweisen und Emotionen. Durch einen Mangel an Selbstwirksamkeit stehen sich Unternehmerfamilien häufig selbst im Weg. Sie reden sich klein und können so ihre Ziele nicht erreichen. Das Vertrauen in sich kann erlernt werden, z. B. durch positives Feedback von außen; dadurch, dass die Familie kulturell ein vertrauensvolles Umfeld schafft, oder durch die eigene Reflexion der bisherigen Erfolge.

Selbstwirksamkeit in Unternehmerfamilien

- ist die Fähigkeit der Mitglieder, schwierige und herausfordernde Situationen aus eigenem Antrieb / eigener Kraft zu bewältigen
- schafft Bewusstsein im Hinblick auf die eigenen Stärken, Fähigkeiten und Bedürfnisse
- unterstützt besonders bei unsicheren und unbekannten Situationen das Vertrauen in sich selbst und in die Familie, diese anzugehen und zu bewältigen
- sagt etwas darüber aus, in welchem Ausmaß die Altunternehmer in der Lage sind, der jüngeren Generation Selbstwirksamkeit zuzusprechen.

3.5.6 Resilienzfaktor Netzwerkorientierung

Netzwerkorientierung beschreibt, inwieweit Mitglieder der Unternehmerfamilie die Möglichkeit haben und fähig sind, auf ein stabiles Umfeld inner- wie außerhalb der Familie zurückzugreifen und dieses aufzubauen. Gerade in der immer komplexer werdenden heutigen Zeit kann ein Mensch allein nicht mehr alle Aufgaben er Unternehmerfamilie kompetent abdecken. Die Unterstützung durch andere Familienmitglieder, aber auch Schlüsselkräfte ist daher keine Schwäche, sondern zeigt Weitsicht und zeugt von Reflexionsfähigkeit im Hinblick auf die eigenen Fähigkeiten und Verantwortungsbewusstsein. Ein breit gefächertes (Familien-)Netzwerk unterstützt gerade in privaten und unternehmerischen Krisen und fördert den Zusammenhalt.

Damit das eigene Netzwerk unterstützend wirken kann, sollte auf die Netzwerkhygiene geachtet werden, d. h., negativ gesonnene oder pessimistische Menschen sollten eher gemieden und unterstützende, wohlgesonnene Kontakte fokussiert werden.

Netzwerkorientierung beschreibt den Willen und die Fähigkeit einer Unternehmerfamilie,

- mit ihrem Umfeld in Kontakt zu treten
- sich in andere Menschen hineinzuversetzen
- den Umgang mit unterschiedlichen Charakteren zu gestalten
- zu anderen Menschen wie zu sich selbst eine Beziehung und Bindung aufzubauen
- andere Menschen für die Bewältigung von Herausforderungen und zur Unterstützung zu aktivieren.

3.5.7 Resilienzfaktor Akzeptanz

Akzeptanz ist die Fähigkeit, eine derzeitige und vergangene Situation anzunehmen. Hier spielt auch das Loslassen[19] eine wesentliche Rolle. Akzeptanz bedarf im Gegensatz zu Toleranz oder Duldung der eigenen Freiwilligkeit und ist eine aktive Komponente, die die eigene Zustimmung benötigt. Vor diesem Hintergrund haben Unternehmerfamilien zwei Wahlmöglichkeiten:

---

19 Gerade für die Seniorgeneration kann das Loslassen von ihrer Rolle als Unternehmer während eines Übergabeprozesses eine Herausforderung darstellen. Die mangelnde Akzeptanz kann sich dann negativ auf die Unternehmerfamilie, den Erfolg einer Übergabe und somit auf den Fortbestand eines Familienunternehmen auswirken. Wie die Seniorgeneration den Übergabeprozess und ihre eigene Transformation aktiv gestalten kann, greifen Caspary, Rüsen und Kleve (2024) auf.

- Widerstand gegen und Selbstanklage wegen der (ungerecht erlebten) Situation
- Akzeptanz der Situation und deren Nutzung als Lernerfahrung für zukünftige Herausforderungen.

Gerade in persönlichen, aber auch unternehmerischen Veränderungen ist der konstruktive Umgang damit und die Akzeptanz entscheidend. Ignorieren der neuen Situation und innere Widerstände bündeln die eigenen Energien und Gedanken. Die eigene Perspektive verengt sich, und die Gedanken kreisen nur noch um das Problem und den eigenen Widerstand. Es wird zunehmend anstrengender und kann zu einer Überforderung führen.

Eine als unangenehm empfundene Situation eröffnet immer auch die Chance einer Veränderung; sie lädt zur Reflexion ein. Vor allem Veränderungen in Familie, Unternehmen oder dessen Umfeld erfordern Akzeptanz; gerade wenn dem Unternehmen Priorität eingeräumt wird.

Die Entscheidung zwischen Akzeptanz und Widerstand ist jedem selbst überlassen, allerdings führt nur erstere zu nachhaltiger Entwicklung. Dies gilt unabhängig davon, ob die Situation änderbar ist oder nicht.

Akzeptanz in Unternehmerfamilien

- löst die eigenen Widerstände
- eröffnet Handlungsspielräume
- lässt den Fokus auf die relevanten Dinge richten
- trägt zu Überwindung bei.

3.5.8 Resilienzfaktor Bewusstsein

Bewusstheit über die eigene Lebenssituation sowie die Wertepräferenz und die Herausforderungen der Unternehmerfamilie ist entscheidend für die Stärkung der (anderen) Resilienz(faktoren). Der bewusste Umgang mit den kulturellen Prägungen/Mustern in der Unternehmerfamilie und die daraus resultierenden Gedanken- und Verhaltensweisen eröffnen einen Raum, in dem sich neue Perspektiven eröffnen und Wahlmöglichkeiten entstehen können.

Bewusstsein fördert die eigene Authentizität beim Umgang mit sich selbst, dem Selbstverständnis als Unternehmerfamilie und ihrem Umfeld; es fördert die soziale Verantwortung und unterstützt den Reflexionsprozess im Alltag.

Dabei wird das gegenwärtige Bewusstsein einer Unternehmerfamilie wesentlich durch die geschichtliche Entwicklung geprägt; diese ist im kulturellen Unterbewusstsein, den Basisüberzeugungen, verankert. Ohne Bewusstsein für die kulturelle Prägung können Veränderungen nicht ganzheitlich und nachhaltig implementiert werden, da mit (unbewussten) Widerständen zu rechnen ist. Bewusstsein für die komplexen Zusammenhänge innerhalb der Unternehmerfamilie vereinfacht den Umgang mit diesen, da hierdurch die Wahrnehmung angepasst werden kann.

Bewusstsein innerhalb der Unternehmerfamilie

- fördert die Klarheit und erleichtert Entscheidungen
- unterstützt die Akzeptanz von Gegebenheiten
- eröffnet einen Raum für zukünftige Anpassungen
- schafft ein Verständnis über die kulturellen Besonderheiten und Dynamiken.

3.5.9 Resilienzfaktor Systemklarheit

Herrscht Unklarheit innerhalb der Unternehmerfamilie, sei es bezüglich der durch die Kultur geprägten Erwartungen, Anforderungen und Bedürfnisse, sind der Umgang mit und das Bestehen von Herausforderungen fast unmögliche Unterfangen. Da Unternehmerfamilien mit drei sich teilweise widersprechenden Subkulturen konfrontiert sind, eröffnet sich durch Systemklarheit Handlungsspielräume, indem neue Perspektiven eingenommen werden können, um Herausforderungen meistern zu können. Vor allem die Bewusstheit im Hinblick auf die Bedürfnisse jedes einzelnen Subsystems, die Wechselbeziehung zwischen Systemen (z. B. Familie und Unternehmen), deren wechselseitige Wirkmechanismen und die durch die drei Subsysteme kulturell geprägten (Basis-)Überzeugungen sind hier bedeutsam für den Aufbau von Systemklarheit und in weiterer Folge von Resilienz.

Klarheit über die relevanten Lebenswelten/Subkulturen eröffnet einen Raum innerhalb dieser Rahmenbedingungen, sodass die Mitglieder von Unternehmerfamilien selbstbestimmt sowie autonom agieren, den Umgang mit den verschiedenen Herausforderungen gestalten und einen freien Blick mit neuen Perspektiven erhalten können.

Systemklarheit ermöglicht es der Unternehmerfamilie,

- die unterschiedlichen Erwartungen und Anforderungen der Subkulturen zu erkennen, sie zu reflektieren, um einen Umgang mit ihnen auf der Ebene der Unternehmerfamilie zu gestalten
- Spannungen in bzw. zwischen den jeweiligen Subsystemen vorzubeugen oder diesen entgegenzuwirken
- durch die drei Subsysteme hervorgerufene unbewusste Überlappungen zu erkennen und zu vermeiden.

3.6 Wertekultur zur Sicherung der Identität und Transgenerationalität

Im Wechselspiel mit den verfolgten Strategien und den ausgeformten Strukturen reduziert Kultur nicht nur die Komplexität und das Unternehmerfamilien innewohnende strukturelle Risiko. Sie stellt auch einen Rahmen bereit, der die auftretenden Ambivalenzen zwischen den Mitgliedern abfedert und verarbeitet. Denn durch die Mehrfachmitgliedschaft sind die Familienmitglieder mit unterschiedlichen Verhaltensaufforderungen und Gerechtigkeitslogiken konfrontiert. Zusätzlich entstehen für (große) Unternehmerfamilien zwei weitere Problembereiche (Kleve 2020a, S. 25):

- Bildnis bzw. Wirkmechanismen eine Familie greifen aufgrund der großen Mitgliederzahl und der (sehr) entfernten verwandtschaftlichen Verhältnisse nicht mehr.
- Selbst wenn die Unternehmerfamilie formale Strukturen ausformt, kann dies nicht Loyalität, Sinn, Identität und Bindung zwischen den Mitgliedern erzeugen.

Die Unternehmerfamilie muss daher dafür Sorge tragen, die Ansprüche aus den Subsystemen zu koordinieren sowie Loyalität, Sinn, Identität und Bindung zwischen den Mitgliedern herzustellen. Schafft sie dies nicht, sind Dysfunktionen und/oder Konflikte sehr wahrscheinlich, die wiederum den transgenerationalen Bestand gefährden können.

3.6.1 Funktion von Werten

Bei den Prozessen, die Ansprüche aus den Subsystemen zu koordinieren sowie Loyalität, Sinn, Identität und Bindung zwischen den Mitgliedern der Unternehmerfamilie zu stärken, dient die kulturell verankerte Werte- und Wertorientierung als bedeutsamer Schlüssel:

> »Werte- und Wertorientierung – also die Bewahrung und Umsetzung von Grundwerten und die Steigerung des Unternehmenswertes sind zentrale Zielsetzungen unternehmerischen Handelns in vielen Familienunternehmen. [...] Sie erfasst alle Bereiche: die Unternehmerfamilie, die Unternehmens- und die Mitarbeiterführung, die Unternehmenskultur, den Umgang mit ökologischen Ressourcen, das soziale und kulturelle Engagement. Sie ist Ausdruck eines klugen Umgangs mit Eigentum, keine Sozialromantik« (Meyer u. Oldenburg 2008, S. 20).

Wie in Abbildung 2 ersichtlich, gestalten die innerhalb einer Kultur vorherrschenden Werte die Beziehungsebene. Sie dienen als Schnittstelle zwischen Basisüberzeugungen und Sachebene. Kultur lässt sich daher durch die darin vorzufindenden Werte und die daraus abgeleiteten Normen sowie Erwartungen definieren. Diese beeinflussen die Mitglieder und deren Verhaltensweisen. Dabei entfalten die Werte, aber auch die daraus abgeleiteten Normen und Erwartungen eine interne und externe Funktion, die zur Herausbildung von Identität beitragen:

- *intern:* Regelung des menschlichen Verhaltens untereinander
- *extern:* Abgrenzung der Unternehmerfamilie von anderen Gruppen/Einheiten.

Die bereitgestellten Werte entfalten eine gewisse Verbindlichkeit und formen die Unternehmerfamilie zu einer Art Einheit, die sich dadurch von ihrer Umwelt abgrenzt. Die Mitglieder sehen sich darin als ein Teil des Ganzen (Franken 2010, S. 209 ff.). Werte beeinflussen somit das menschliche Verhalten. Allerdings dürfen sie nicht mit Tugenden verwechselt werden: Tugenden sind Eigenschaften, z. B. Tapferkeit, Klugheit, Pünktlichkeit, Höflichkeit oder Besonnenheit. Sie eröffnen die Möglichkeit, sich an Werten auszurichten (Wien u. Franzke 2014, S. 19).

Werte werden durch die historische Entwicklung der Unternehmerfamilie beeinflusst und dienen in der Kommunikation als nicht kommunizierte Richtschnur (Luhmann 2000, S. 244). Sie entwickeln sich folglich automatisch im Laufe des Bestands der Unternehmerfamilie heraus. Ihre Existenzberechtigung erhalten Werte durch ihre jeweilige Geschichte. Besonders die Pioniere oder Gründer(familie) von Familienunternehmen schaffen durch die Gründung eines Unternehmens neue Kulturen. Wenn die Überzeugungen der Gründer(familie), d. h. ihre Werte, Normen und Erwartungen, einmal Einzug in die kollektive DNA des Unternehmens gehalten, also von der Mehrheit der Mitglieder/Mitarbeiter getragen werden, legt die zugehörige Kultur von da an fest, welcher Führungsstil in Zukunft akzeptiert und toleriert wird. Die Unternehmer dienen dem Unternehmen von nun an zwecks Sicherung und weiterer Verankerung der vorherrschenden Kultur. Wird die Kultur anfänglich durch die Gründer(familie) selbst vorgegeben bzw. ist sie aus deren Werteverständnis entstanden, werden im Laufe der Zeit die Anforderungen an die Führung durch die Kultur vorgegeben (Schein u. Schein 2017, S. 100).

Besonders in Unternehmerfamilien darf die Bedeutung der vorherrschenden Werte daher nicht unterschätzt werden, da die *familiären Werte* maßgeblich das Werteverständnis innerhalb des Unternehmens und des Eigentümerkreises prägen (von Schlippe u. Klein 2017, S. 114). Die familiären Werte

- beeinflussen das Führungsverständnis,
- dienen als Entscheidungsgrundlage und
- als Maßstab des Handels.

Dies hat wiederum einen positiven Rückkopplungseffekt auf die Unternehmerfamilie und deren Kultur; Werten kann eine stabilisierende Funktion unterstellt werden (Baus 2010, S. 83 ff.). In der Kultur einer Unternehmerfamilie ist daher immer auch der Geist der Gründergeneration spürbar, dieser ist tief in den Basisüberzeugungen verwurzelt und Ausgangspunkt der familiären Entwicklung. Unternehmerfamilien vereinen somit zwei gegenläufige Zeitpfade (Kleve 2020a, S. 39):

- den Bezug auf die Vergangenheit im Hinblick auf die (traditionellen) Lebensverhältnisse und Biografien
- den wichtigen Blick in die Zukunft durch die transgenerationale Intention.

Aufgrund des Vergangenheitsbezugs kann speziell in Unternehmerfamilien von einem »tradierten Wertesystem« (Rüsen et al. 2022,

S. 117) gesprochen werden, d. h., es herrschen Rollenmuster, Traditionen und Vererbungspraktiken vor, die seit Generationen wiederholt werden. Diese Verfestigung führt dazu, dass gesellschaftliche Impulse länger benötigen, um Einzug in die Unternehmerfamilie und in die kulturelle Verankerung zu finden (ebd.).

3.6.2 Konsequenzen des Wertewandels

Unternehmerfamilien sind nicht völlig immun gegenüber dem gesellschaftlichen (Werte-)Wandel. Ein sich in der Gesellschaft vollziehender Wertewandel wird Einzug in die Unternehmerfamilie finden, selbst wenn ihm innerhalb der Unternehmerfamilie nicht unbedingt der gleiche Stellenwert zugeschrieben wird (von Rosenstiel 1990, S. 134). Mit jeder neuen Generation muss die Unternehmerfamilie und müssen speziell die Nachkommen daher für sich den Spagat bzw. die Ambivalenz zwischen Tradition und Innovation lösen. Dies inkludiert nicht nur die wirtschaftlichen Wandlungsprozesse, sondern betrifft ebenso die eigenen Lebensverhältnisse, wie z. B. zunehmende Individualisierungstendenzen und die Pluralisierung von Lebenswelten (Kleve 2020a, S. 39). Gerade die »Individualisierung gesellschaftlicher Entwicklungsprozesse« (Kempert 2008, S. 177) führt zu einer zunehmenden Abkehr von vielen innerhalb der Familie vertretenden Werten, wie z. B. Pflichtbewusstsein, Leistungsbereitschaft sowie Verantwortungsübernahme (ebd.). So ist eine Änderung des Werteverständnisses der nachfolgenden Generationen beobachtbar, weg von den kollektiven Werten (Pflichtgefühl, Fleiß oder Disziplin) hin zu einem individualistischen Werteverständnis, das Werte wie Gleichbehandlung oder Partizipation in den Vordergrund stellt (Kloss 2009, S. 196). Ebenso wird Status, Geld und Karriere weniger Gewicht zugesprochen. In den Vordergrund rücken stattdessen Selbstbestimmung und -verwirklichung sowie die Wir-Werte »Partnerschaft, Familie, Freunde und sinnhaftes Engagement für die Gemeinschaft« (Rüsen et al. 2022, S. 120).

Der Wertewandel tangiert zwangsläufig die Kultur einer Unternehmerfamilie. Selbst wenn kein Familienmitglied explizite Absichten im Hinblick auf Veränderungen in diese Richtung formuliert, werden die gelebten Werte u. U. Kritik und Ablehnung erfahren und neue Selbstverständlichkeiten sich entwickeln (müssen). Ein gesellschaftlicher Wertewandel und die damit einhergehenden Änderungen der Wertorientierungen Einzelner führt indessen nicht zwangsläufig im gleichen Ausmaß zu Verhaltensanpassungen; denn das Verhalten wird von einer Fülle von Faktoren beeinflusst (von Rosenstiel 1990, S. 135 ff.).

Trotz der Beständigkeit der Werte in Unternehmerfamilien kann der Wertewandel gerade der jüngeren Generation zu einer Destabilisierung der Unternehmerfamilie führen. Einerseits können (Werte-/Generationen-)Konflikte zwischen den Generationen auftreten, und andererseits können sich das Werteverständnis und die sich daraus formenden Einstellungen negativ auf die Nachfolgeentscheidungen der jüngeren Generation auswirken (Kempert 2008, S. 177). Für die nachfolgende Generation besteht deswegen die Notwendigkeit, sich die u. U. seit Generationen gelebten Werte aktiv aufzurufen, da deren Präsenz und Prägekraft und die gemeinsame Identität abnehmen können (Baus 2010, S. 82 f.). Hieraus resultiert unweigerlich eine Abschwächung der kulturellen Bindungsfähigkeit der Unternehmerfamilie, wodurch der Nutzen der Partizipation am Eigentum eines Familienunternehmens zunehmend infrage gestellt werden kann (Mendel u. Piper 2005, S. 139). Unternehmerfamilien sind demnach gut beraten, ihre Werte – aller Beständigkeit zum Trotz – achtsam weiterzuentwickeln bzw. ihre Werte mit jeder neuen Generation inhaltlich auf deren Passung zu überprüfen, um nicht die Anschlussfähigkeit an den gesellschaftlichen Wertewandel sowie die Anschlussfähigkeit jeder neuen Generation zu verlieren. Auch wenn eine Wertekultur primär vergangenheitsorientiert ist, da sich die Basisüberzeugungen im Laufe der Zeit entwickelt und verfestigt haben und dadurch das gegenwärtige Bild und den Blick auf die Zukunft der Unternehmerfamilie prägen, muss Kultur offen sein für die Zukunft, damit sie fortbestehen kann. Jede neue Generation liefert ein Erneuerungsangebot für die Unternehmerfamilie.

3.6.3 Werte als Orientierungsrahmen

Werte geben Aufschluss darüber, wofür die Unternehmerfamilie steht. Selbst wenn sie durch eine gewisse Konstanz charakterisiert sind und sich nicht andauernd ändern, müssen sie genügend Raum für Interpretationen zur Verfügung stellen, damit sie nicht die Flexibilität sowie Anschlussfähigkeit der Mitglieder blockieren. Im Gegensatz zu starren Organisationsformen eröffnen Werte einen gewissen Interpretationsspielraum. Konkrete Handlungsanweisungen können eine Weitung erfahren. Diese Freiräume können dann von den Mitgliedern dazu genutzt werden, ihr eigenverantwortliches Handeln zu entwickeln (Kloss 2009, S. 194 ff.). Als Beispiel ist in Tabelle 12 der beispielhafte Wertekanon einer Unternehmerfamilie abgebildet. Er vermittelt eine Idee, wie Werte ausformuliert werden können und auf welcher Flughöhe diese spezifiziert werden sollten (Rüsen, von Schlippe u. Groth 2022, S. 11; angelehnt an Rüsen 2014).

Wert	Beschreibung
Persönliche Gestaltungsfreiheit	Wir gestehen jedem Familienmitglied zu, sein Leben individuell zu gestalten. Bestandteil dieser Gestaltungsfreiheit sind die Achtung der in der Unternehmerfamilie gesetzten Regeln und Werte sowie der Schutz des Unternehmens.
Transparenz	Offener Umgang mit Informationen und Entscheidungen in Bezug auf das Unternehmen sowie mit zentralen Informationen in Bezug auf die Familie.
Fairness	Wir suchen ausgewogene Lösungen; wir behandeln einander auf Augenhöhe mit Respekt und Wertschätzung.
Zuverlässigkeit	Wir halten uns an Absprachen.
Sachlichkeit	Wir streben eine angemessene, d. h. faktenbasierte Betrachtungsweise von Sachverhalten an; wir gehen mit Konflikten professionell um (ggf. ziehen wir sachverständige Dritte hinzu).
Vertrauen	Wir unterstellen einander in der Familie grundsätzlich eine gute Absicht.
Hilfsbereitschaft und Solidarität	Wir sind füreinander da, egal in welcher Situation.
Integrität	Wir stehen hundertprozentig zu unseren Werten, Aussagen und Handlungen; im Außenverhältnis sprechen wir mit einer Stimme; im Innenverhältnis schätzen wir eine kritische Diskussion.
Langfristigkeit	Alle unsere Handlungen sind nicht kurzfristig ausgerichtet, sondern folgen einem generationenübergreifenden Ziel (Enkelfähigkeit).
Toleranz	Wir respektieren die Unterschiedlichkeit von Meinungen, Eigenschaften und Sichtweisen; damit meinen wir explizit nicht Regelbruch und Infragestellung der Werte.
Bodenständigkeit	Wir bleiben eine bodenständige Familie; wir behalten die Bodenhaftung; Reichtum ist eigentlich ohne Wert, es ist Ausdruck von etwas Erreichtem, das selbst auf Werten beruht.
Redlichkeit	Was du nicht willst, was man dir tut, das füg auch keinem anderen zu.

Tab. 12: Beispielhafter Wertekanon einer Unternehmerfamilie

Bei der Betrachtung von Kultur wäre es jedoch zu vorschnell, diese nur anhand der proklamierten/verschriftlichten Werte zu charakterisieren. Eine solche Betrachtungsweise ist aus wissenschaftlicher Perspektive verkürzt bzw. oberflächlich, da bei einem aufgesetzten Wertekanon die Gefahr besteht, dass dieser eher ein Ideal- bzw. Wunschbild widerspiegelt und kein Bild darüber liefert,

- inwieweit diese Werte im tagtäglichen Leben gelebt werden und
- somit wirklich eine Relevanz für die Mitglieder entfalten.

Denn gelebte Werte zeigen sich in den durch das Verhalten gesetzten Prioritäten. Das durch die Werte beeinflusste Arbeitsverhalten und seine (Aus-)Wirkungen sind prägende Elemente der Kultur der Unternehmerfamilie. Welche Werte und damit Prioritäten im täglichen Miteinander gelebt werden, hängt entscheidend von der inneren Haltung der Mitglieder ab, die wiederum von den innerhalb der Unternehmerfamilie vorherrschenden Basisüberzeugungen abhängen (Sackmann 2017, S. 51 ff.). Gerade bei der Erstellung eines Wertekanons ist dies zu berücksichtigen.

3.6.4 Wertepluralität in Unternehmerfamilien

Die Besonderheit in Unternehmensfamilien besteht vor allem darin, dass die dort vertretenen Werte mit dem Unternehmen in Verbindung stehen. Daher stehen u. a. häufig die Fragen im Raum, was von Bedeutung ist:

- für das Unternehmen
- für dessen Fortbestand
- für die Mitarbeiter
- für das Image

sodass die Bedürfnisse der Familienmitglieder in den Hintergrund rücken können (Kempert 2008, S. 204). Somit resultiert die Komplexität in Unternehmerfamilien oftmals aus der Bestrebung der Mitglieder, »die Wertevorstellungen der Familie mit den Zielen eines produktiven und nachhaltigen Unternehmens zu verbinden« (Rüsen, Kleve u. von Schlippe 2021, S. VI). Auch wenn eine Unternehmerfamilie von außen betrachtet als Einheit angesehen werden kann oder wird, besteht sie im Innenverhältnis zumeist aus (vielen) separaten Haushalten, deren Mitglieder alle Eigentumsteile am Unternehmen besitzen. Jede Kernfamilie wird unterschiedliche Werte, Vorstellungen von der Zukunft und Ansichten im Hinblick auf die Ausrichtung des Unternehmens aufweisen (ebd., S. VII). Nicht nur innerhalb der Gesellschaft, sondern ebenfalls innerhalb von Unternehmerfamilien kann somit von einer Wertepluralität gesprochen werden. Das heißt, es existiert nicht nur *ein* Wertemuster, sondern gleich eine ganze Reihe (Sackmann 2017, S. 178). Aus diesem Grund wäre es der falsche Ansatz, einzelne Werte zu betrachten. Auf der Ebene der Unternehmerfamilie müssen deswegen Werte kulturell verankert sein, die die Wertekultur der Subsysteme inkludieren oder die Erwartungen der Subsysteme in ihren Werten subsummieren. Einerseits prägen die Werte der Gesamtkultur das Werteverständnis der Subsysteme, andererseits haben die Subkulturen Rückkopplungseffekte auf die anderen Subkulturen und auf die Gesamtkultur. Wichtig ist, hier keine gegenläufigen Dynamiken entstehen zu lassen.

Generell können Unternehmerfamilien zwei Eigenschaften zugesprochen werden:

- Die Familienmitglieder weisen ein gemeinsames Erbe und persönliche Beziehungen untereinander auf. Hierdurch eint sie gemeinsame Werte, Interessen und ein Vermächtnis. Die finanziellen Interessen rücken oftmals nicht in den Vordergrund. Unternehmerfamilien sind bedacht auf ihren Ruf und bestrebt, ihr Werteverständnis an die nachfolgende Generation weiterzugeben. Neben dem Wohlergehen des Unternehmens stehen die Bedürfnisse der Familie im Vordergrund.
- Es besteht das Bedürfnis, den Erfolg des Unternehmens generationenübergreifend zu sichern. Dazu wird auf kurzfristige Renditen zugunsten einer langfristigen Sicherung der Existenz verzichtet.

Unternehmerfamilien sind somit mit zwei Herausforderungen konfrontiert: einerseits mit der Sicherung der Zukunftsfähigkeit des Unternehmens; andererseits mit der Einhaltung der familiären Vorstellungen im Hinblick auf deren Werte und Ziele. Unternehmerfamilien müssen daher Unternehmens-, Familien- und Eigentümerinteressen wahren (Rüsen, Kleve u. von Schlippe 2021, S. VI f.).

3.6.5 Fazit

Soll ein Verständnis von Kultur geschaffen werden, müssen die Interaktionen, die gelebten Werte und die daraus abgeleiteten Normen und Erwartungen zwischen den Mitgliedern und den Subkulturen beachtet werden. Wichtig ist: Kultur wird von den einzelnen Mitgliedern unterschiedlich wahrgenommen und deswegen unterschiedlich bewertet und interpretiert. Erst wenn diese Unterschiedlichkeiten kommuniziert und auf der Ebene der Unternehmerfamilie gemeinsame Akzeptanz finden, kann von einer gemeinsamen Gesamtkultur gesprochen werden, die zu einer Komplexitätsreduktion beitragen bzw. den Umgang mit der bestehenden Komplexität erleichtern kann (Wien u. Franzke 2014, S. 177). Als Kulturtreiber eröffnen Werte einen bedeutsamen Rahmen, innerhalb dessen der transgenerationale Fortbestand gesichert werden kann. Eine auf der Ebene der Unternehmerfamilie etablierte Wertekultur

- koordiniert Familie, Unternehmen und Eigentümerkreis,
- stellt Sinn zur Verfügung,
- dient der Orientierung,
- schafft Identität und
- sichert den transgenerationalen Fortbestand (Caspary u. Kleve 2023, S. 15).

Eine Orientierung an Werten und das Zulassen von Freiräumen gelingen aber nur, wenn unter den Mitgliedern Vertrauen und vor allem Vertrauen in die Selbstorganisation sowie -steuerung der Mitglieder existiert (Kloss 2009, S. 202). Vertrautheit reduziert Risiken, die Komplexität der Zukunft und fördert gewisse Erwartungen, die entweder günstig oder ungünstig sein können (Luhmann 1989, S. 19 f.). Das Bewahren von Vertrauen zielt aber vor allem auf die Beziehungsdynamik zwischen den Beteiligten ab, da ein Vertrauensbruch neben dem Verlust des Vertrauens zugleich eine (extreme) Änderung der Beziehung einleiten kann (ebd., S. 87).

Abschließend ist es beim Thema Werte von Bedeutung, dass diese nicht einfach so (um)designt oder durch neue ersetzt werden können. Werte haben sich gerade in Unternehmerfamilien über Generationen entwickelt sowie verfestigt, und die Mitglieder richten ihre Denk- und Handlungsweisen nach ihnen aus. Die Verfestigung erfolgte durch Beobachtung, Erfahrung, Reflexion und Nachahmung, indem die Werte einer Unternehmerfamilie den Heranwachsenden primär durch das Elternhaus vorgelebt und vermittelt werden (Caspary 2018a, S. 26 ff.). Die Herausforderung bei der Reflexion und Weiterentwicklung von Werten besteht nun darin, dass viele Werte den Mitgliedern gar nicht bewusst sind, da sie in einer frühen Phase im Leben (unbewusst) übernommen wurden. Eine Diskussion über sie fällt zusätzlich schwer, da sie auch für Außenstehende nicht wahrnehmbar sind. Werte lassen sich jedoch daran erkennen, in welcher Art und Weise die Menschen sich in bestimmten Situationen verhalten oder handeln, was auf der Sachebene sichtbar ist. Werte sind in diesem Sinne immer auch eine Art Vorgabe, dies aber nur so lange, wie sie vom System bzw. von der Kultur kontrolliert und durchgesetzt werden können.

4 Interludium: Kulturevolution in Unternehmerfamilien

Trotz des vielfältigen Erscheinungsbildes von Unternehmerfamilien haben diese doch eines gemeinsam: Sie weisen eine – wenn auch (sehr) spezifische – Kultur auf. Diese entsteht durch die Kopplung einer Familie an ein Unternehmen und differenziert sich abhängig von der Entwicklungsgeschichte der Unternehmerfamilie unterschiedlich aus. An den bisherigen Kapiteln sollte ersichtlich geworden sein, dass der (Miss-)Erfolg einer Unternehmerfamilie von den Verhaltens- und Handlungsweisen ihrer Mitglieder abhängt. Da Kultur die Verhaltens- und Handlungsweisen maßgeblich beeinflusst, muss ihr ebenfalls ein Einfluss auf den (Miss-)Erfolg der Unternehmerfamilie zugesprochen werden, indem sie mit den Strategien und Strukturen in einer wechselseitigen Beziehung steht (Kap. 3.3). Dabei ist eine Kultur weder gut noch schlecht; hier kommt es auf die Passung an, und die Kultur hat das Potenzial, zu einer Kernkompetenz zu erwachsen. Welchen (inhaltlichen) Aspekten Bedeutung zugeschrieben wird, muss daher immer in Bezug auf den Kontext betrachtet werden, in dem sich die jeweilige Unternehmerfamilie bewegt, aber auch in Bezug auf die Art, wie sich das Zusammenspiel der Subsysteme gestaltet (Kap. 3.1).

Ersichtlich wurde ebenfalls, welchen Herausforderungen Unternehmerfamilien ausgesetzt sind. Da die Mitglieder gleichzeitig in unterschiedlichen Systemen agieren, werden sie mit den sich (teilweise) widersprechenden Logiken konfrontiert (Kap. 3.2) und müssen diese in ihrem Miteinander berücksichtigen und verarbeiten. Kultur ist hierzu ein wichtiger Schlüssel. Sie reduziert die Komplexität in Unternehmerfamilien sowie das strukturelle Risiko (Kap. 3.4), indem sie den Mitgliedern Orientierungs- sowie Handlungsmuster bereitstellt. Entscheidend dafür ist die Selektionsfähigkeit der Kultur. Es sei jedoch darauf hingewiesen, dass die Selektion nicht beliebig erfolgen kann, da die Unternehmerfamilie auch ihre inneren und äußeren Umwelten berücksichtigen muss, d. h. die Differenz zu diesen (Luhmann 1970, S. 143 f.).

Die Kultur einer Unternehmerfamilie bildet immer auch einen individuellen Entwicklungsprozess des Systems ab. Sie lässt sich nicht kurzfristig ändern. Vielmehr stellt die Kultur einen strategischen Aspekt dar, der jedoch einem unweigerlichen Wandel ausgesetzt ist. Somit sollte Kultur immer unter einem dynamischen und flexiblen Aspekt betrachtet werden, um etwaigen Verhärtungen entgegenzuwirken. Eine aktiv geleitete/gesteuerte Kultur trägt indirekt zum Erfolg einer Unternehmerfamilie bei. Sie stärkt z. B. das Verbundenheitsgefühl der Mitglieder und fördert den generationenübergreifenden Bestand (Wien u. Franzke 2014, S. 47). Nach Franken (2010, S. 209) und in Anlehnung an die Kapitel 1 und 2 können die nachfolgend aufgelisteten Besonderheiten von Kultur zusammenfassend genannt werden:

- Kultur entsteht in Gemeinschaften und wird dort gelebt.
- Kultur entsteht durch die in Gemeinschaften stattfindende Interaktion und weist dadurch einen ausgeprägten emotionalen Charakter auf.
- Kultur ist dynamisch, nicht nur durch Veränderungen im Außen, sondern auch im Inneren, wenn Systemnormen oder die Normen Einzelner Änderungen unterworfen sind.
- Kultur ist wandlungsfähig, da eine gezielte Gestaltung möglich ist.
- Kultur schafft Orientierung und ermöglicht tendenziell einheitliches Handeln.
- Kultur fördert die Identifikation und ermöglicht ein Gefühl von Zugehörigkeit.
- Kultur schafft ein gemeinsames Erscheinungsbild nach außen.

Damit Kultur diese Besonderheiten erfüllen kann, muss sie sich evolutionär entwickeln. Die Leistungsfähigkeit einer Unternehmerfamilie lässt sich dabei definieren als deren »Fähigkeit zu überleben, zu adaptieren, sich selbst zu erhalten und zu wachsen« (Schein 1980, S. 154). Kultur ist hierfür ein wesentlicher Schlüssel. In Unternehmerfamilien verbindet die Mitglieder somit nicht nur ihr *biologisches Erbe,* sondern auch ihr (womöglich bereits über mehrere Generationen bestehendes) *kulturelles Erbe.* Dieses kulturelle Erbe wird von Generation zu Generation weitergetragen und adaptiert. Kultur ist somit ein dynamisches Gebilde.

Zur Erklärung dieser innewohnenden Dynamik oder Evolution möchten die nachfolgenden Abschnitte – auch als Vorbereitung für Kapitel 5 – ein tieferes Verständnis für die dynamischen Aspekte einer Kultur bereitstellen. Denn eine Kultur entwickelt sich oder evolviert. Das heißt, eine Veränderung vollzieht sich allmählich und wird auf dem Vorausgegangenen begründet. Es vollzieht sich eine *kulturelle Evolution* (Blackmore 2005, S. 57).

4.1 Evolution von Kultur durch Meme

Für ein Verständnis der kulturellen Evolution stellt die Memetik einen fruchtbaren Boden bereit. Begründet wurde diese Disziplin von Richard Dawkins (1996). Dawkins vergleicht Kultur mit der genetischen Vererbung. Im Wesentlichen ist diese konservativ, kann aber eine gewisse Form der Evolution hervorbringen. Um kulturelle Vererbung zu erklären, führt Dawkins den Terminus *Mem* (Plural: Meme) in Analogie zum Wort Gen ein. Generell ist ein Mem eine Art Vehikel, welches eine Informationseinheit inkludiert. Meme geben aber auch Auskunft darüber, welche Ideen bzw. Basisüberzeugungen ein System in sich trägt, und haben Einfluss auf das Verhalten. Meme sind sozusagen die Software, die die Kultur eines Systems programmiert. Sie dienen als »Replikator der kulturellen Evolution« (Sagmeister 2016, S. 41). Damit von einem Mem gesprochen werden kann, muss dieses aber eine eigenständig vorstellbare Einheit darstellen (ebd., S. 38 ff.).

Dabei sind Meme in ihrem Erscheinungsbild sehr variationsreich. In der heutigen Zeit werden Meme oftmals mit Internetphänomenen (sog. Running Gags) assoziiert, besonders dann, wenn diese viral gehen. Bilder, Videos oder Texte erfahren ein sehr hohes Maß an Aufmerksamkeit und Verbreitung (Oswald 2019, S. 277). Dawkins führte als Beispiele für Meme »Melodien, Gedanken, Schlagworte, Kleidermoden, die Art, Töpfe zu machen oder Bögen zu bauen« (Dawkins 1996, S. 309) an. Aber auch die Religion, das Familienkonzept, Technologien, Architektur, Strategien, Strukturen, Prozesse, Sprache, Bilder, Kunst, Gewohnheiten, sprachliche Trends, Wörter, Theorien, Lieder/Melodien, Gerüche, Produkte, Konzepte oder (Verhaltens-)Marker können als Meme aufgefasst werden. Ebenso können es Redensarten sein, die die Verhaltensweisen (un)bewusst prägen. Hierunter fallen im Kontext einer Unternehmerfamilie z. B. die Narrative der Resilienz (Kap. 3.5). In Unternehmerfamilien können diese generationsübergreifend weitergetragen werden. Hieraus können Glaubenssätze entstehen, die Einzug in die Basisüberzeugungen einer Kultur finden und somit die Sichtweise, wie die Mitglieder auf die Welt blicken, färben. Redensarten geben erste Anhaltspunkte für die kulturelle Beschaffenheit.

Im Zusammenhang mit Kultur können Meme auf allen drei Kulturebenen auftreten. Abhängig davon, auf welcher Ebene Meme auftreten, sind sie den Mitgliedern mehr oder weniger bewusst. Einige Beispiele für Meme der verschiedenen Kulturebenen sind in Tabelle 13 aufgelistet (siehe ergänzend Kap. 2.4).

Ebene	Meme
Sachebene	Artefakte, Techniken, Methoden, Fähigkeiten, Wissen, Ansichten, Gewohnheiten, Verhaltens- und Handlungsweisen, die Art, wie Sitzungen abgehalten werden, wie die Mitarbeiterführung vollzogen wird, Rituale
Beziehungsebene	Werte, Normen, Standards, implizite und explizite Erwartungen
Strukturebene	Motive, Denkhaltungen, Zweck, Prioritäten, Passung, Prozesse

Tab. 13: Meme der drei Kulturdimensionen

Gerade im Kontext einer Unternehmerfamilie können manche Meme bereits über Generationen (z. B. Basisüberzeugungen, wie die Übergabepraxis gestaltet wird; Werteverständnis) existieren, andere sind auf Zeiträume begrenzt (z. B. Führungstrends, Vertragsgestaltung im Eigentümersystem) oder relativ neu (z. B. neues Führungsverständnis des Nachfolgers). Andere wiederum sind ausgestorben (z. B. nur männliche Nachkommen für die Nachfolge infrage). Kultur kann daher als *Memplex* bezeichnet werden, d. h. als Komplex aus verschiedenen Memen.

4.2 Verbreitung von Memen

Verbreitung finden Meme durch die Sprache, die Schrift, die Mobilität und das Internet, wobei der Memaustausch mit jedem Punkt ansteigt (Sagmeister 2016, S. 46). Das heißt, Meme verbreiten sich von Mensch zu Mensch, von Gehirn zu Gehirn, indem sie den infizierten Wirt und seine zwischenmenschlichen Beziehungen dazu nutzen, sich zu verbreiten. Ein Mem (be)nutzt also einen Wirt, um sich zu verbreiten. Dazu wird sein Wirt durch das Mem dazu gebracht, das Mem durch die Nutzung von Kommunikationsmitteln weiterzutragen und andere Menschen zu infizieren (Langer 2009, S. 21 ff.). Der Zusammenhang ist in Abbildung 7 dargestellt.

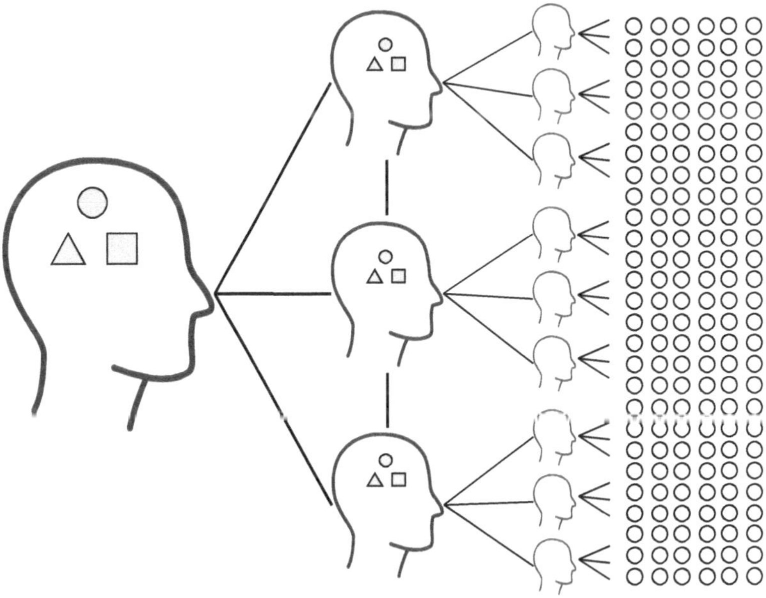

Abb. 7: Exponentielle Verbreitung von Memen

Dabei handeln Meme selbstgesteuert und egoistisch. Sie nisten sich in unserem Gehirn ein und haben ein großes Ansteckungspotenzial. Das heißt, das Mem bzw. die Informationseinheit veranlasst die Menschen dazu, diese an andere Menschen weiterzugeben. Meme sind im Hinblick auf ihre Verbreitung sehr dynamisch. Sie werden nicht nur vertikal (von den Eltern zu den Kindern) übertragen, sondern ebenso horizontal (zwischen Gleichrangigen) oder schräg (Onkel zur Nichte). Wenn das Mem (der Virus) stark genug ist, erfolgt besonders die vertikale und schräge Ausbreitung exponentiell. Die Übertragung ist wechselseitig und multidimensional (Sagmeister 2016, S. 41 f.; Blackmore 2005, S. 217 ff.). Wie ein Mem bewertet bzw. angenommen wird, hängt mit dem eigenen Werteverständnis zusammen. Beispielsweise bestimmt die Qualität der Erziehung der Nachkommen, welche Meme (z. B. Werte) angenommen und weiterverbreitet werden.

Damit ein Mem überlebt, kann es mit einem anderen Mem verbunden werden; beide können sich verstärken. Beispielsweise kann eine Verhaltensvorgabe (Mem A) bei einer Nichtbefolgung mit negativen Konsequenzen (Mem B) behaftet sein. Somit tragen beide Meme zum gegenseitigen Überleben bei (Dawkins 1996, S. 317). Gerade Werte können einen Memplex darstellen, der sich aus unterschiedlichen Erwartungen (Memen) zusammensetzt. Wird der Wertekanon einer Unternehmerfamilie betrachtet, so inkludieren die darin jeweils abgebildeten Werte ebenso unterschiedliche Verhaltensvorgaben, die bei Nichtbefolgung negative Konsequenzen entfalten, auch wenn diese nicht explizit genannt werden (Tab. 12).

Das Wohlbefinden des Trägers spielt für das Mem keine Rolle. Es verbreiten sich besonders die Meme, die sich gut replizieren, unabhängig davon, ob sie Vor- oder Nachteile für den jeweiligen Menschen entfalten; Meme besitzen ein Eigenleben (Blackmore 2005, S. 66 f.). Meme enthalten somit kein Werturteil, sie können also auch nachteilig für den Wirt oder eine Kultur sein. Wie ein Virus möchte ein Mem sich replizieren und überleben. Meme können demnach zwar erfolgreich sein, aber ungesund für die Menschen bzw. die Kultur.

Ein Beispiel ist das Mem für die Erbfolge in Unternehmerfamilien. Die Primogenitur war (ist) ein sehr verbreitetes Mem, das (vielleicht) für das Familienunternehmen gesund war, da es die Komplexität der Nachfolge reduzierte, aber ungesund im Hinblick auf weibliche Nachkommen, die es von der Nachfolge ausschloss. Gleiches gilt für männliche Nachfolger, die lieber einen anderen Lebensweg beschritten hätten, oder für das Unternehmen, wenn der männliche Nachfolger nicht die entsprechenden Kompetenzen für die Fortführung des Unternehmens aufweist. »Eine Idee hat ein Leben unabhängig von ihrem Erfinder« (Sagmeister 2016, S. 44). Diese steckt andere an, entwickelt sich weiter und verbreitet sich während der Lebenszeit des Erschaffers. In einer Unternehmerfamilie lebt so oftmals der Geist des Gründers, aber auch anderer (prägender) Generationen in der Kultur in den Basisüberzeugungen weiter und prägt die Sichtweise und Verhaltens- sowie Handlungsweisen der Familienmitglieder. Dawkins (1996, S. 309) beschreibt dies wie folgt:

> »So wie Gene sich im Genpool vermehren, indem sie sich mithilfe von Spermien oder Eizellen von Körper zu Körper fortbewegen, verbreiten sich Meme im Mempool, indem sie von Gehirn zu Gehirn überspringen, vermittelt durch einen Prozeß, den man im weitesten Sinne als Imitation bezeichnen kann.«

Weiter schreibt Dawkins (ebd.):

> »Wenn jemand ein fruchtbares Mem in meinen Geist einpflanzt, so setzt er im wahrsten Sinne des Wortes einen Parasiten ins Gehirn und macht es auf genau die gleiche Weise zu einem Vehikel für die Verbreitung des Mems, wie ein Virus dies mit dem genetischen Mechanismus einer Wirtszelle tut (...)«

Wie im oberen Zitat angeführt wird, werden Meme per Definition nur durch Imitation weitergegeben. Dabei sind einige erfolgreicher als andere; es erfolgt eine natürliche Auslese. Der Erfolg eines Mems hängt dabei von dem Ausmaß ab, in dem dieses durch andere Menschen (Gehirne) angenommen wird. Im Hinblick auf die Kultur wäre ein Kriterium, wie viele Mitglieder eine Verhaltensweise tragen. Meme sind Elemente einer Kultur, die durch Imitation weitergegeben werden. Dies inkludiert auch die Weitergabe von Information, sei es durch Sprache, Schrift, Anweisung oder Verhaltensweisen (Blackmore 2005, S. 86).

> »Durch Imitation werden Verhaltensmuster, Normen, Ideen, Werte, religiöse Motive, Melodien, Moden, Witze oder Sprichwörter weitergegeben und entwickeln ein Eigenleben. Individuen ahmen das Verhalten ihrer Mitmenschen nach und schaffen damit zugleich wiederum neue Vorgaben und Standards für andere Mitmenschen« (Langer 2009, S. 21).

Dabei produziert der Mensch täglich potenzielle Meme, kommt aber auch mit ihnen in Kontakt, indem er spricht, das Internet nutzt oder TV schaut. Wörter, Sprache, Bilder tragen zu einer Weitergabe bei. Aber nur wenn diese ausgesprochen werden, können sie sich replizieren. Hat beispielsweise ein Unternehmer einen guten Gedanken oder liest oder hört diesen und spricht darüber mit seinen Familienmitgliedern oder Mitarbeitern, dann gibt er diesen weiter. Findet der Gedanke bei den Mitgliedern der Unternehmerfamilie Anklang, so reproduziert/repliziert er sich und springt von seinem Gehirn in die anderen Gehirne (Dawkins 1996, S. 309). Der Gedanke hält so Einzug in die Kultur. Ein Gedanke (potenzielles Mem) wird demnach nur dann zu einem Mem, wenn er in irgendeiner Art und Weise ausgesprochen/geteilt wird. Die Ausbreitung ergibt sich dann durch das Ausmaß, wie Meme von anderen imitiert werden (Blackmore 2005, S. 77).

Ein weiteres Beispiel, wie neue Meme in ein System und speziell in die Kultur einer Unternehmerfamilie oder in ein (Familien-) Unternehmen hineingetragen werden, sind externe Berater, Coachs oder Trainer. Diese stehen nicht mit der bestehenden Kultur in Verbindung, werden aber durch ihren Eintritt in das System zu einer Art Transmitter neuer Methoden oder Ideen und liefern so einen Mempool als Angebot. Wenn diese Meme eine bessere Passung für die Kultur bzw. Kulturträger aufweisen, werden sie übernommen und können weniger passende Meme ersetzen. Durch Imitation halten sie Einzug in die bestehende Kultur. Die Berufsgruppen der Berater, Coachs oder Trainer werden *de facto* Überträger des Virus einer anderen Kultur (El Emary, Brzozowska a. Bubel 2020, p. 124).

Meme sind somit durch ihre Allgegenwart charakterisiert. Mitglieder bzw. Nachkommen aus Unternehmerfamilien nehmen die Meme der Kultur auf. Sie tragen sie zu den anderen Mitgliedern oder Peers. Ebenso übertragen sie Meme von ihrer Umwelt in die Unternehmerfamilie und deren Kultur. Durch das Memkonzept lässt sich besonders gut erklären, warum eine Kultur evolutionär, lebendig, dynamisch und ansteckend ist. Auch bei der Verwendung des Memkonzepts sollte die Kultur einer Unternehmerfamilie nicht als geschlossenes System betrachtet werden, da die Meme aus der Umwelt kommen und wieder in die Umwelt zurückspringen und Menschen infizieren. Dies gilt gerade auch deshalb, weil Menschen unterschiedlichen Kulturen angehören: Landeskultur, Familienkultur, Kultur der Peers, Unternehmenskultur, Eigentümerkultur u. v. m. Alle Kulturformen stehen in wechselseitigen Austauschbeziehungen, und die potentesten Meme werden von einer Kultur in die andere übertragen und breiten sich darin aus.

Da Menschen interaktionale Wesen sind, tauschen sie ihre Wirklichkeitskonstruktionen miteinander aus und stecken sich gegenseitig mit ihren jeweiligen Memen an. Je mehr Menschen sich mit einer Wirklichkeit infizieren, desto wirklicher erscheint ihnen diese. Mitglieder einer Unternehmerfamilie, aber auch Mitglieder einer Gesellschaft stabilisieren dabei ihr gemeinsames Weltbild, indem sie sich ihre Interpretationen fortlaufend wechselseitig bestätigen (Sagmeister 2016, S. 50). Kulturmeme werden, wie bereits oben angeführt, von den einzelnen Mitgliedern durch Imitation übernommen. Meme finden somit Einzug aus der Umwelt in die Kultur, wenn sie imitiert werden. Erfolgreich ist ein Mem also dann, wenn es das Verhalten der Mitglieder eines Systems prägt. Meme vermögen dabei eine Verhaltensanpassung des infizierten Menschen so zu steuern, dass dieser die Informationseinheit (Mem) weitergeben möchte. Meme sind potent, weil sie zwischen beliebigen Menschen ausgetauscht werden können. Dies intensiviert ihre Vermehrung und Verbreitung (Langer 2009, S. 21).

Kultur und die sich darin wiederfindenden Meme sind aber einem enormen Selektionsdruck ausgesetzt. Nur wenn sie weitergetragen (imitiert) werden, kann Kultur überleben. Meme werden aber nur dann erfolgreich repliziert, wenn sie im Wirt eine gewisse emotionale Reaktion hervorrufen oder mit Urbedürfnissen verknüpft sind (Blackmore 2005, S. 78 ff.). Durch die Weiterverbreitung tragen Meme unweigerlich zu einem kulturellen Evolutionsprozess bei. Eine Evolution ist aber nur möglich oder unvermeidlich, wenn drei Kriterien erfüllt sind, die auf Meme als sog. Replikatoren zutreffen: Variation, Selektion und Vererbung (Tab. 14; Sagmeister 2016, S. 39f.; Blackmore 2005, S. 97; Dawkins 1996, S. 313).

Bedingung	**Beschreibung**
Variation	Meme werden nicht 1:1 weitergegeben: Ihre Kopie ist nicht perfekt. Zum Beispiel werden Geschichten nicht auf die gleiche Weise weitererzählt. Jeder dichtet ein wenig dazu oder lässt für ihn Unwichtiges weg. Dies gilt auch für Unterhaltungen, Narrative, Werte, Erwartungen usw. Das ursprüngliche Mem wird angepasst: Es entsteht eine Variation des ursprünglichen Mems. Die Übermittlung von Memen unterliegt daher einer andauernden Mutation oder Mischung.
Selektion	Zwischen den Memen vollzieht sich eine natürliche Auslese; sie konkurrieren miteinander. Es überleben nur diejenigen, die im Vergleich zu ihren Konkurrenten einen Vorteil entfalten. Aus einer Vielzahl an Memen wird das Passendste ausgewählt und weitererzählt; nicht alle Verhaltensweisen werden erfolgreich kopiert. Hierdurch wird die Evolution einer Kultur vorangetrieben.
Vererbung	Werden Meme weitererzählt/übernommen, dann werden die darin enthalten Ideen, Vorstellungen und Verhaltensweisen vererbt; auch wenn die Kopie nicht perfekt ist, so wird doch der Kern, die wesentliche Eigenschaft, übernommen, hält Einzug in die Basisüberzeugungen einer Kultur und kann so weiterleben.

Tab. 14: Bedingungen für Replikatoren

Durch die Replikation entsteht ein echter Evolutionsprozess. Ein Beispiel für die Mutation und Mischung von Gedanken (Memen) ist dieses Buch. Es bezieht sich auf die Gedanken (Meme) anderer Autoren, wird aber für eigene Zwecke umgeformt, indem ein anderer Schwerpunkt gesetzt und fremde mit eigenen Gedanken vermischt werden. Werden Textpassagen aus diesem Buch zitiert oder Methoden übernommen, werden die Meme dieses Buches weitergetragen.

4.3 Meme als Kulturtreiber

Wie bereits angeführt, haben Meme als Replikatoren das Potenzial, das Dasein derer, die sie in die Welt gesetzt haben, zu überdauern (Dawkins 1996, S. 319). In Unternehmerfamilien werden die Werte und Haltungen der Gründergeneration oftmals weitervererbt. Sie replizieren sich, auch wenn sie Mutationen und Mischungen unterliegen können, aber auch müssen. Die Besonderheit von Memen ist, dass sie unversehrt weiterexistieren können. Im Hinblick auf die Kulturentwicklung generell und speziell auf die der Unternehmerfamilie eröffnet somit gerade die Memetik eine Antwort auf diese Fragen:

- Warum sind bestimmte Aspekte, Verhaltensweisen, Werte oder Grundannahmen, also Meme, einer Kultur erfolgreich?
- Warum werden sie fortwährend kopiert?

Die Antwort: Die Berücksichtigung bzw. Einhaltung des Mems entfaltet einen Nutzen für das jeweilige Mem; dieses entfaltet eine Art Eigenleben, welches durch die selektive Imitation vollzogen wird. Hier geht es nicht um den Vorteil des jeweiligen Menschen oder der Kultur (Blackmore 2005, S. 62 ff.). Wie bereits erwähnt, können Meme auch neutral oder nachteilig für die Kultur, deren Mitglieder oder nur einzelne von ihnen sein. Gerade die Memetik eröffnet einen Zugang, was im Hinblick auf die Kulturentwicklung zu tun ist und wie diese gestaltet werden kann. Folgende Fragen sollten daher im Hinblick auf die Kulturentwicklung und bei der Anwendung der im folgenden Kapitel 5 dargestellten Methoden immer mitberücksichtigt werden:

- Welche Werte, Ideen, Gedanken, Verhaltensweisen sollen in der Unternehmerfamilie überwiegen?
- Welche Memquellen (Mitglieder, Statuten, Traditionen, Basisüberzeugungen) sind für diese Werte, Ideen, Gedanken oder Verhaltensweisen zuständig?

Eine Möglichkeit, Meme in einer Kultur und somit in den Köpfen der Mitglieder zu identifizieren, stellt Vera F. Birkenbihl[20] mit ihrer Checkliste (Tab. 15) vor.

---

20 Onlinevortrag: »Die Viren des Geistes«; verfügbar unter: https://www.youtube.com/watch?v=iuig9SCHvqw [31.03.2024]

Auffassung	Reflexion
Wahr	• Halte ich meinen Glauben, mein Wissen, Verhalten, meine Meinung für gut, richtig oder wahr?
Tugend	• Ist mein Glauben, Wissen, Verhalten, meine Meinung tugendhaft? • Ist das, was ich über meinen Glauben/mein Wissen/Verhalten/meine Meinung denke, oder die Art, wie ich mich verhalte, tugendhaft?
Tabu	• Ist mein Glauben, Wissen, Verhalten, meine Meinung ein Tabu? • Darf darüber nicht geredet werden? Darf es nicht hinterfragt werden, ohne dass bei mir oder den Mitmenschen Widerstände auftreten oder ich oder diese sauer werden?
Toleranz	• Bin ich intolerant gegenüber anderem Glauben/Wissen/Verhalten/anderer Meinung?

Tab. 15: Checkliste für die Identifizierung von Memen

Wenn alle oder die meisten Fragen bejaht werden, handelt es sich bei dem eigenen Glauben, Wissen, Verhalten usw. mit hoher Wahrscheinlichkeit um ein Mem. Die Kultur bzw. Mitglieder sind damit infiziert; ansonsten handelt es sich nicht um virale Gedanken. Inwieweit ein Mem Vorteile oder Nachteile hat, inwieweit es das Denken einengt, muss im Anschluss beantwortet werden.

In der weiteren Folge stellt sich im kulturellen Kontext und im Hinblick einer Kulturentwicklung immer die Frage (Oswald 2019, S. 289):

- Wo bzw. in welcher Situation wird das Mem verwendet?
- Wer sind die Memträger?
- An wen richtet es sich?
- Wie wird es verbreitet und verändert?
- Ist das Mem positiv oder negativ für die Kultur? Erweitert es das Denken, oder ist es Fanatismus?

Sollen Meme adaptiert oder soll die Kultur mit neuen Memen infiziert werden, sind die Kulturträger bzw. zentrale Mitglieder der Unternehmerfamilie von Relevanz, da sie durch ihre Verhaltensweisen eine Vorbildwirkung auf die restlichen Familienmitglieder entfalten. Sie infizieren die anderen Mitglieder; stecken diese an, sodass ein Mem Einzug in die Kultur nehmen kann. Die Memetik bietet gute Hilfestellungen, wie Kultur gezielt beeinflusst werden kann. Die Teile, die eine Kultur ausmachen, entstehen aus unterschiedlichen Memquellen, und diese Quellen können gestaltet werden, sodass sie die Kultur beeinflussen. Zu Beginn einer Kulturentwicklung sollte man jedoch zunächst einmal Bewusstheit über die jeweilige Kultur verschaffen. Die in Kapitel 5 vorgestellten Methoden und Reflexionen liefern dazu genügend Möglichkeiten. Wenn allen Mitgliedern bewusst ist, worüber gesprochen wird, also Klarheit besteht, kann eine Entscheidung darüber getroffen werden, welche Aspekte geändert oder beibehalten und welche Aspekte gezielt genutzt werden sollen. Denn wesentliche Aspekte von Kultur sind ihre

- Flexibilität
- Anpassungsfähigkeit
- aber auch Unberechenbarkeit.

5 Methodenkoffer – Praktische Kulturentwicklung in Unternehmerfamilien

Anhand der bisherigen Kapitel sollte ersichtlich geworden sein: Selbst die beharrlichste Kultur ist unweigerlich Wandlungsprozessen unterworfen. Dies können kleine, oft unbemerkte Veränderungen sein, aber auch gravierende, die einen Kulturwandel nicht nur fördern, sondern auch erzwingen. Als Treiber können interne wie externe Entwicklungen genannt werden. Diese entfalten zwangsläufig Konsequenzen für die Unternehmerfamilie und deren Kultur:

- *interne Entwicklungen:* Wachstum, Stagnation, Wechsel in der Führungsebene oder Generationenwechsel
- *externe Entwicklungen:* gesellschaftlicher Wertewandel, digitale Transformation, politische Unsicherheiten, Änderungen in der Gesetzgebung.

Da jede Kultur und speziell die Subkulturen in Unternehmerfamilien in andere Kulturen eingebettet sind, entsteht ein dynamisches und sich andauernd veränderndes Umfeld. Durch die Konfrontation mit anderen Kulturen bzw. der Umwelt können Dysfunktionen auf allen drei Ebenen einer Kultur offensichtlich werden, sodass die Notwendigkeit besteht, Änderungen bzw. Anpassungen der Kultur zu vollziehen. Die Verantwortung der Familienmitglieder bzw. Funktionsträger innerhalb der Unternehmerfamilie liegt nun darin, den Veränderungsbedarf

- zu erkennen,
- zu beurteilen und
- zu prüfen, inwieweit dieser vorteilhaft/nachteilig für die bestehende Kultur ist.

Hier besitzen die Funktionsträger der Unternehmerfamilie eine Orientierungsfunktion, d.h., sie geben an, in welche Richtung sich die Entwicklung bewegen soll.

Vor allem für auf Stabilität ausgerichtete Unternehmerfamilien kann es schwer sein, etwas wirklich Neues/Innovatives zu implementieren. Denn die vorhandenen Strukturen weisen die Tendenz auf, etwas wirklich Neues – aufgrund der kulturellen Sichtweise – dem bisher Gewohnten anzugleichen, um dann den bekannten Erfolgsrezepten zu folgen. Solange die innere und äußere Umwelt stabil und keine Anpassungen notwendig sind, kann die Verfestigung zwar Vorteile entfalten, wird in Krisen allerdings sehr wahrscheinlich zum Stolperstein (Tab. 5). Dabei gilt: Je später auf relevante Veränderungen im Umfeld reagiert wird, desto weniger Handlungsoptionen stehen zur Verfügung und umso gravierender müssen die Maßnahmen sein, um Veränderungen herbeizuführen. Durch die sich innerhalb einer Kultur verfestigende selektive Wahrnehmung besteht infolgedessen die Gefahr, dass nur noch solche Informationen in die Unternehmerfamilie gelangen, die die durch die Kultur geprägte Sichtweise bestätigen (Sackmann 2017, S. 90 ff.).

Da Kultur generell eine stabilisierende Funktion erfüllt, kann ihr eine änderungsskeptische Wirkung unterstellt werden, bzw. muss sie diese erfüllen. Kultur ist ein Ort, an dem gerade in Unternehmerfamilien die Vergangenheit konserviert wird. Der starke Rückbezug eines Systems auf die Vergangenheit ist daher eine wesentliche Funktion von Kultur. Dennoch wird eine Kultur auch anhand ihrer Anpassungsfähigkeit, Lernbereitschaft und Flexibilität bewertet, gerade um den Fortbestand – die transgenerationale Intention – der Unternehmerfamilie sicherzustellen. Hierdurch ist es allerdings erforderlich, dass die Kultur Handlungsweisen zulässt, für die noch kein Erfahrungswissen zur Verfügung steht. Zu gravierende kulturelle Veränderungen können jedoch dazu führen, dass die identitäts- und sinnstiftende Funktion verloren geht; sie sind dann gleichbedeutend mit der Etablierung einer neuen Identität und mit der Erschaffung von neuem Sinn, wodurch ein neues System entsteht. Beispielsweise kann im Zuge einer Nachfolge innerhalb eines Familienunternehmens eine neue Führungskultur entstehen, wenn die Nachfolger die Aufgaben stärker delegieren möchten und den Mitarbeitern mehr Verantwortung und Freiräume zugestehen. Dies kann nicht nur zur Irritation und Ablehnung der Mitarbeiter führen, sondern auch zu deren Austritt. Die gewohnte (alte) Kultur prallt mit dem neuen kulturellen Verständnis der Nachfolger zusammen, die identitäts- sowie sinnstiftende Funktion und damit die Orientierung gehen verloren. Gerade Fremdinterventionen sind dazu geeignet, die Selbstreferenz des Systems (maßgeblich) zu verletzen (Klimecki u. Probst 1990, S. 56 f.).

Da Kulturen das Selbstbild der Mitglieder prägen, bergen angedachte kulturelle Änderungen die Gefahr, am Selbstbild der Mitglieder zu kratzen, wodurch Widerstände gegen diese entstehen; auch aus diesem Grund lassen sich Kulturen nur schwer verändern (Grubendorfer 2016, S. 27). Daher sollten bei der Kulturentwicklung die in Tabelle 16 dargestellten *Regeln* berücksichtigt werden (Franken 2010, S. 221).

Regel	**Beschreibung**
Einzigartigkeit	Kulturentwicklung ist etwas sehr Individuelles. Was für eine Unternehmerfamilie hilfreich ist, kann bei der anderen (sehr) viel Schaden anrichten.
Vergangenheitsbezug	Geschichte, Traditionen und Gewohnheiten müssen beachtet werden, und Kulturentwicklung muss auf ihnen aufbauen.
Stärkenorientierung	Die Stärken einer Unternehmerfamilie müssen identifiziert werden, um Veränderungsprozesse auf ihnen aufzubauen und um langfristig die Schwächen zu reduzieren.
Langfristigkeit	Veränderungen dürfen sich nicht zu schnell vollziehen. Dies überlastet sonst die Mitglieder und erzeugt Widerstände.
Commitment der Familienmitglieder	Die Familienmitglieder müssen hinter der Veränderung stehen. Fehlt es hier an Glaubwürdigkeit und einer aktiven Unterstützung, wird ein Kulturwandel scheitern.
Vorbildfunktion	Funktionsträger in der Unternehmerfamilie dienen als Multiplikatoren für die anderen Mitglieder. Diese müssen die neuen Werte authentisch (vor) leben.
Einbezug (möglichst) aller	Ein nur »top-down« eingeleiteter Kulturgestaltungsprozess wird keinen Erfolg haben. Hier ist der Einbezug (möglichst) aller Mitglieder, Familienstämme bzw. Kleinfamilien notwendig.
Offenheit	Die Kommunikation muss offen gestaltet werden, d. h., Fehler, negative Ergebnisse und geäußerte Kritik müssen offen ansprechbar sein.

Tab. 16: Regeln für die Kulturgestaltung

Vor allem sind Kulturveränderungen und -entwicklungen Prozesse, die Zeit in Anspruch nehmen, da sich diese Änderungen über viele Beziehungen und Teilprozesse erstrecken müssen. Die Langwierigkeit ergibt sich, da

- das System als Ganzes mit seinen Vernetzungen einer Veränderung unterzogen wird,
- u. U. eine neue Grundlage für die Vermittlung einer neuen Identität bereitgestellt werden muss und
- aufgrund der Neuheit fast keine Rückbezüge auf vergangene Erfahrungen möglich sind (Klimecki u. Probst 1990, S. 57).

Selbst wenn auf der Sachebene Änderungen bzw. Anpassungen schnell vollzogen werden können, ist ein Kulturwandel auf der Strukturebene nicht so schnell möglich. Wie in Kapitel 2.4 beschrieben, liegen die Basisüberzeugungen viel tiefer. Sie sind durch Sozialisationsprozesse erworben bzw. übernommen worden und daher tief in den Köpfen der Mitglieder verwurzelt (Hofstede u. Hofstede 2011, S. 15). Kultur kann aus diesem Grund nicht einfach »geschaffen« werden, außer bei einer Neugründung; denn jede Unternehmerfamilie verfügt bereits über ihre eigene Kultur. Ob diese eine Kraftquelle oder ein Hindernis darstellt, ist eine andere Fragestellung (Schein u. Schein 2017, S. 100). Kulturen sind aus diesem Grunde nicht direkt steuerbar, und gezielte Interventionen verfehlen oftmals ihre angedachte Wirkung oder führen zu Gegenreaktionen, da sie sich nicht mit den Basisüberzeugungen decken. Gerade der Vergangenheitsbezug erschwert Wandelfähigkeit. Somit darf Kultur nicht in dem Sinne verstanden werden, dass mit zielgerichteten Maßnahmen die Leistungsfähigkeit beliebig gesteigert werden kann. Statt einer Steuerung von Kultur muss vielmehr die Generierung von Verständnis in den Vordergrund gerückt werden (Grubendorfer 2016, S. 73 f.).

Bei der *Erklärung* des Phänomens Kultur besteht zusätzlich die Gefahr der Instrumentalisierung. Zu schnell wird nach dem Steuerungszweck und den entsprechenden Größen gefragt. Aber auch die Merkmale, wie z. B. die Werthaltungen, Normen oder Selbstverständlichkeiten, werden zu oft zu oberflächlich und zu wenig reflektiert dargestellt (Klimecki u. Probst 1990, S. 45). Gerade in Organisationsentwicklungsprozessen muss das Spannungsverhältnis zwischen Systemerhalt und Systemveränderung berücksichtigt werden. Hier ist es von Bedeutung, zwischen der Kultur und den aus ihr abgeleiteten sowie etablierten Strukturen sowie dem Veränderungsprozess zu vermitteln (Schiersmann u. Thiel 2014, S. 26).

Es stellt sich also die Frage, welcher Zugang bzw. welche Haltung beim Thema Kultur sinnvoll erscheint, d. h. mit welcher Sichtweise man sich dem Thema Kultur widmen sollte. Hier bietet sich die in Tabelle 17 dargestellte systemtheoretische Perspektive an (Grubendorfer 2016, S. 8).

Zugang/Haltung	Beschreibung
Zirkularität	Keine Ursache-Wirkungs-Zusammenhänge. Eine isolierte Betrachtung verschließt den Blick auf die Relationen. Vielmehr muss in Netzwerken, Schleifen, Rückkopplungen und Kreisen gedacht werden. Das Denken in linearen Zusammenhängen wird dem nicht gerecht. Denn kleine Impulse können enorme Auswirkungen entfalten, während große Anstrengungen untergehen können.
Nichttrivialität des Systems	Ein spezifischer Input führt hier nicht immer zum gleichen Output. Vielmehr sind soziale Systeme nicht vorhersehbar und kontrollierbar.
Autopoiese	Systeme sind sich selbst erzeugende Systeme. Durch ihr Interaktionsnetzwerk erzeugen diese sich selbst und grenzen sich von ihrer Umwelt ab.
Verzerrung	Aussagen (über Kultur) werden von dem Beobachter mittels seiner Wirklichkeitskonstruktion getätigt. Die Qualität dieser Beobachtung muss daher danach bewertet werden, welchen Nutzen diese stiftet und nicht, wie wahr diese ist.

Tab. 17: Zugang/Haltung zum Thema Kultur

Die Aufarbeitung des Themas Kultur in diesem Buch soll daher weniger dazu dienen, (ausschließlich) entsprechende Stellschrauben zu beschreiben, an denen nur gedreht werden muss, damit ein Erfolg garantiert ist. Die Ausführungen sollen eher dazu dienen, die »Selbstreflexionskompetenz« (Grubendorfer 2016, S. 75) von Unternehmerfamilien zu steigern bzw. dafür in einem ersten Schritt den Blick zu öffnen (Kap. 2: Kultur als ein dynamisches Konstrukt). Voraussetzung ist deshalb zunächst die Bewusstheit gegenüber Kultur. Wie Tabelle 17 zeigt, greift eine mechanistische oder Input-Output-Betrachtung von Kultur viel zu kurz und wird der Bedeutung von Kultur absolut nicht gerecht. Die nachfolgend angebotenen Methoden dienen folglich dazu,

- ein tieferes Verständnis der eigenen Kultur zu entwickeln,
- die Selbstreflexionskompetenz im Sinne einer lernenden Kultur zu stärken und
- Anschlussfähigkeit an interne und externe Veränderungen gestalten zu können.

Denn die Kultur einer Unternehmerfamilie muss, um in einer dynamischen Umwelt anschlussfähig zu bleiben, um also keine Entwicklungen zu übersehen, sich selbst kontinuierlich reflektieren. Ein einmal akzeptiertes Verhalten kann zu einem späteren Zeitpunkt nicht mehr anschlussfähig sein. Wie in Kapitel 3.3 ausgeführt, besteht hier die Gefahr, in eine Erfolgs-, Misserfolgs- oder Normalisierungsfalle zu geraten. Eine regelmäßige Überprüfung und Weiterentwicklung der Kultur ist für den langfristigen Fortbestand daher essenziell.

Als Rahmung für den in diesem Kapitel bereitgestellten Methodenkoffer, aber auch für Kulturprozesse generell kann das *Prozessmodell der systemischen Schleife* dienen (Abb. 8). Die anschließenden Ausführungen beziehen sich – wenn nicht anders angegeben – auf Barthelmess (2016, S. 196 ff.) sowie auf Königswieser und Hillebrand (2009, S. 45 ff.).

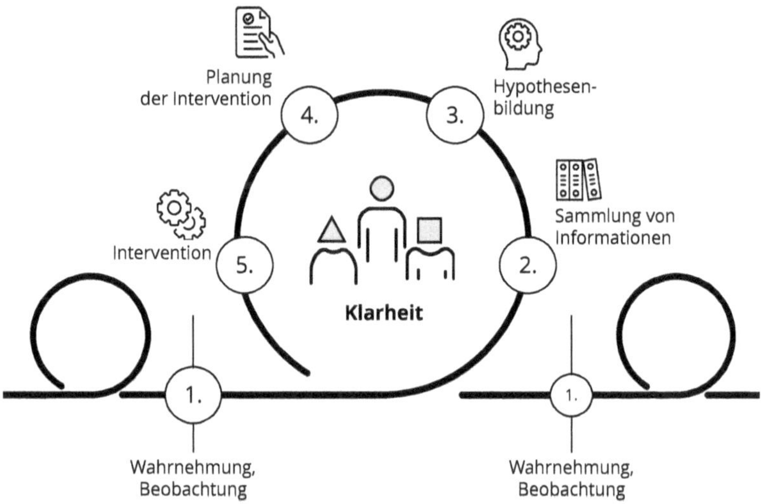

Abb. 8: Systemische Schleife

Die systemische Schleife dient Beratern als Orientierung. Das dahinterliegende Verständnis vor allem vor dem Hintergrund der in Tabelle 17 genannten systemtheoretischen Sichtweise soll dazu dienen, die Kultur nachhaltig bzw. mit der dringend notwendigen Sensibilität und Aufmerksamkeit zu entwickeln. Im Anschluss werden die fünf Schritte kurz skizziert, um ein Verständnis bezüglich der Denkhaltung hinter der systemischen Schleife zu erhalten:

1) *Wahrnehmung/Beobachtung:* Wie äußert sich die Ist-Situation / der Status quo? Treten Dysfunktionen (Konflikte, Ambivalenzen usw.) auf? Hierzu können die Reflexionen in den nachfolgenden Unterkapiteln dienen.
2) *Sammlung von Informationen:* Handelt es sich bei der Beobachtung um eine Einzelerscheinung? Bestehen Muster? Wann

und wo treten die Dysfunktionen auf? Ziel ist es, die subjektive Sichtweise möglichst zu objektivieren.

3) *Bildung von Hypothesen:* Auf der Basis der gesammelten Informationen wird versucht, den Sinn hinter dem Problem / der Dysfunktion zu erfassen. Hier geht es nicht um eine Beurteilung oder Bewertung, sondern um die Kreierung erster Annahmen zur Erklärung. Hypothesen dienen der Vorbereitung und Strukturierung der Intervention.
4) *Intervention planen:* Welche Möglichkeiten stehen zur Verfügung? Was sind die Vor-/Nachteile? Welche Konsequenzen sind mit der Intervention für die Kultur verbunden? Welche Ressourcen werden u. U. benötigt? Wer muss miteinbezogen werden? Welche konkreten Maßnahmen und Schritte sind durchzuführen?
5) *Durchführung der Intervention:* Implementierung der Maßnahmen. Wichtig ist, dass möglichst alle Mitglieder mit einbezogen werden und dass von ihrer Seite ein Commitment besteht, sodass etwaige Maßnahmen von ihren Werten und Basisüberzeugungen getragen werden bzw. diese die Maßnahmen/Intervention abdecken.

Danach beginnt der Prozess wieder bei Punkt 1. War die Kulturentwicklung zweckdienlich für das System, oder bedarf es einer neuen Schleife.

Wichtig ist bei der Entwicklung von Kultur, dass eine zu detaillierte Betrachtung von Momentaufnahmen zu Fehlschlüssen führen kann. Erst durch die auftretenden Muster wird der wahre Charakter einer Kultur sichtbar. Fokussiert man sich zu sehr auf einzelne Details, besteht die Gefahr, die Zusammenhänge (Muster) aus dem Auge zu verlieren. Details sind hier oftmals von geringem Nutzen. Eine Kulturentwicklung bedarf wie die Analyse einer gewissen Unschärfe, damit Muster erkennbar sind (Sagmeister 2016, S. 59 f.).

Um hier somit gleich mit einer (möglichen) Illusion aufzuräumen: Die Interventionen werden oftmals mit einem gewissen Maß an Unsicherheit/Unschärfe vollzogen werden (müssen). Bei Unternehmerfamilien, aber auch Familienunternehmen handelt es sich um (sehr) komplexe nicht triviale Systeme (Tab. 17). Bei der Analyse und Entwicklung müssen zwingend das Zusammenspiel der drei Subsysteme und die daraus resultierenden Muster berücksichtigt werden. Eine Fokussierung auf nur ein Subsystem zur Erklärung ist zu einseitig. Die Sammlung von Informationen wird aber immer unvollständig sein. Denn gerade auf die Basisüberzeugungen kann nicht direkt zugegriffen werden, diese sind großteils unbewusst. Wie eine Intervention von der jeweiligen Kultur angenommen wird, ist dann an der Reaktion des Systems ersichtlich. Aber auch hier sei nochmals darauf hingewiesen: Kulturveränderungen benötigen Zeit und ein gewisses Maß an Sensibilität.

5.1 Reflexion der Kulturmanifestationen

Wie in Kapitel 2.4 beschrieben, macht sich Kultur in sehr vielen Aspekten bemerkbar und kann vor allem auf der Sachebene von einem Beobachter oder jeweiligen Mitglied beschrieben werden, beispielsweise anhand von Verhaltensweisen, Ritualen, (formalen) Regeln, Denkgewohnheiten usw. Um Verhaltensweisen *richtig* einordnen und interpretieren zu können, müssen diese jedoch in Bezug zum jeweiligen Kontext bzw. innerhalb des kulturellen Rahmens betrachtet werden.

Speziell bei der Beobachtung geht es in erster Linie um eine Mustererkennung in den Interaktionen der Mitglieder. Daher adressiert eine Beobachtung das Verhalten der Mitglieder, aus dem Rückschlüsse auf die Kultur gezogen werden können. Eine Beobachtung von Kultur unabhängig von der zugrunde liegenden Methode *macht* etwas mit der Kultur; insofern stellt eine Beobachtung/Reflexion bereits eine Intervention dar.

In der Folge werden 17 Reflexionen vorgestellt, die dabei helfen können, ein umfassenderes und tiefgreifenderes Verständnis im Sinne einer (Selbst-)Beobachtung der jeweiligen Kultur zu erlangen.

5.1.1 Reflexion der Kulturfunktionen

Kultur stellt verschiedene Funktionen zur Verfügung (Kap. 2.2), die dazu beitragen, dass die Kultur positive Effekte auf die Mitglieder entfaltet und deren Bindung an die Unternehmerfamilie erhöht. Die folgenden Fragen dienen zur Reflexion der in Tabelle 3 erklärten Funktionen mit dem Ziel zu verstehen, wie diese Funktionen in der jeweiligen Kultur ausgeprägt sind und wie sehr die Kultur zu Entwicklung und Erfolg der Unternehmerfamilie beitragen kann.

Die Fragen in Reflexion 1 sollen zunächst von jedem Mitglied einzeln beantwortet werden, um die Antworten dann in der Gruppe zu besprechen. Daraus entsteht ein gemeinschaftliches Bild bzw. Verständnis der jeweils in der Unternehmerfamilie vorherrschende Kultur (teilweise angelehnt an Caspary u. Kleve 2023, S. 8).

Reflexion primärer Kulturfunktionen	
Ordnung	• Welche Strukturen habt ihr[21] in eurer Unternehmerfamilie festgelegt, um die unterschiedlichen Gerechtigkeitslogiken der Subsysteme auszugleichen? • Wie bewertet ihr die formalen Strukturen in eurer Unternehmerfamilie? Welche haben sich bewährt? Welche daraus abgeleiteten Prozesse oder Regeln sollten eurer Ansicht nach verändert bzw. weiterentwickelt werden? • Inwieweit vollzieht sich in eurer Unternehmerfamilie ein Abgleich der drei Dimensionen Kultur, Strategie und Strukturen? Bauen die gewählten Strukturen auf der Strategie auf. Existiert hier ein Gleichklang, und wird die strategische Ausrichtung durch die gewählten Strukturen gefördert? Wo bestehen noch Dysfunktionen?
Orientierung	• Wofür steht ihr als Unternehmerfamilie? Wisst ihr, wohin ihr gehen möchtet und wie ihr dieses Ziel erreichen wollt? Besteht hier ein Gleichklang zwischen den Mitgliedern/Subsystemen? Wo treten Unterschiede auf, und wie kann euch eure Kultur bei der Zielerreichung unterstützen? • Woran könnt ihr euch im täglichen Miteinander orientieren? • Ziehen bei euch alle an einem Strang? Was wird akzeptiert und was nicht? Warum? • Wer oder was steht im Zentrum eurer Aufmerksamkeit? • Wie stellt ihr sicher, dass eure Grundausrichtung (Ziele, Werte, Erwartungen) noch angemessen sind? • Was sind die wesentlichen Ziele, die ihr verfolgt? • Welche Werte, Normen und Erwartungen helfen euch bei der Erreichung eurer Ziele? • Sind die Strategien und Ziele für alle Mitglieder der Unternehmerfamilie nachvollziehbar? Herrscht hier Gleichklang zwischen den Subsystemen? Wie löst ihr auf der Ebene der Unternehmerfamilie Unterschiede auf?
Stabilisierung	• Worauf basiert euer Vertrauen untereinander? Wie wird es aufgebaut und gestärkt? • Was muss ein Mitglied tun, um euer Vertrauen zu verlieren? • Welche Bedeutung haben Werte für euch? • Welche Werte sind euch wichtig? Welche Verhaltensaufforderungen ergeben sich daraus? • Wie erlebt ihr eure Werte in eurem täglichen Miteinander? • Woran würden Außenstehende merken, dass ihr den Wert X lebt bzw. nicht lebt? • Welche Erwartungen sollten bei euch dringend befolgt werden? Was sind die Konsequenzen des Nicht-Befolgens? • Welcher Beitrag wird von den Mitgliedern erwartet, um den transgenerationalen Erfolg sicherzustellen? Was sind die Folgen, wenn er nicht erbracht wird? • Wo widersprechen sich die Erwartungen? Wie geht ihr damit um?

21 Für die Ansprache der Mitglieder in Reflexionen und Übungen wechseln wir in das sog. Arbeits-Du. Damit wird an eine bewährte Form des kollegialen Umgangs im Rahmen von Fort- und Weiterbildungen angeschlossen.

Reflexion primärer Kulturfunktionen	
Sinnvermittlung	• Was macht eure Familie einzigartig? Wie wird dies der nächsten Generation vermittelt? • Was unterscheidet euch von anderen Unternehmerfamilien? • Welche Geschichten werden bei euch erzählt, und wie haben sie dich/euch beeinflusst? • Existiert bei euch ein gemeinsames Verständnis im Hinblick auf den Zweck eurer Existenz als Unternehmerfamilie? • Wie lautet eure gemeinsame Vision der Zukunft eurer Unternehmerfamilie? Wie sieht sie aus bzw. soll sie aussehen? Wird sie von allen geteilt? Wenn nein, warum nicht? • Welches gemeinsame Bild existiert bei euch bezüglich des Weges, den ihr gehen müsst, um den transgenerationalen Bestand der Unternehmerfamilie zu sichern?
Reflexion sekundärer Kulturfunktionen	
Komplexitäts-reduktion	• Inwieweit sind die primären Kulturfunktionen bei euch ausgeprägt? In welchen Punkten unterstützen sie sich wechselseitig? • Auf welche Primärfunktionen legt ihr den Fokus? Warum? Wie könnt ihr alle Primärfunktionen stärken und in eure Denk- und Handlungsweisen integrieren? • Was ist für euch (un)wichtig? Nach welchen Kriterien bewertet ihr Entscheidungen? • Was unterstützt euch bei Entscheidungen (Werte, Handlungsmaximen usw.)? • Welche Werte sind für euch handlungsleitend, wie tragen sie zur Reduktion von Komplexität bei? Welche Erwartungen ergeben sich daraus?
Anpassung/ Sensibilisierung	• Inwieweit seid ihr als Unternehmerfamilie offen für eigene Anregungen und neue Ideen, aber auch für die von externen Stakeholdern? • Inwieweit könnt ihr euch gegenseitig zuhören, um etwaige Probleme oder Wünsche wahrzunehmen und zu verstehen? • Was benötigt ihr, um zeitgerecht auf Umfeldveränderungen oder Änderungen in Familie, Unternehmen oder Eigentümerkreis zu reagieren? • Wie würdet ihr eure Fähigkeit einschätzen, notwendige Veränderungen innerhalb und außerhalb der Unternehmerfamilie zu erkennen und die erforderlichen Anpassungen zu vollziehen? Wo existieren Stolpersteine? • Wer darf neue Ideen einbringen, und wer entscheidet, ob Veränderungen durchgeführt werden? Ist dies zielführend, oder bedarf es Anpassungen, und wenn ja, warum?
Koordination	• Wie gestalten sich die Schnittstellen zwischen Familie, Unternehmen, Eigentümerkreis und Unternehmerfamilie? Können Synergien genutzt werden? Wo besteht erhöhter Koordinationsbedarf, und was sind die Gründe dafür? • Welche Mechanismen existieren in eurer Unternehmerfamilie, um die drei Subsysteme zu koordinieren, und wie gut funktioniert dies? • Ist es überhaupt interessant oder zeitlich realisierbar, Koordinationsfunktionen innerhalb der Unternehmerfamilie auszuüben? Wie kann die Attraktivität gesteigert werden?

Reflexion sekundärer Kulturfunktionen	
Motivation und Identifikation	• Inwieweit ist es lohnenswert, sich als Mitglied für die Unternehmerfamilie mit ihren übergeordneten Zielen einzusetzen? • Wie stellt ihr die Identifikation mit eurer Unternehmerfamilie sicher? • Kennt jedes Mitglied seinen Beitrag für die Unternehmerfamilie? • Wie groß ist die Überschneidung zwischen der Identifikation einzelner Mitglieder und den verfolgten Zielen der Unternehmerfamilie? • Stellt ihr Räume zur Verfügung, in denen offen über die Bedürfnisse der Nachfolger gesprochen werden können? Und nehmt ihr diese ernst? • Wisst ihr, was ihr der nächsten Generation vermitteln möchtet? Was ist es genau? Welche Werte sind euch wichtig, und wie werden diese vermittelt? Welche Erwartungen sind damit verbunden? • Wie werden neue Mitglieder (Nachkommen, Lebenspartner/Angeheiratete etc.) bei euch integriert? Was müssen sie machen/unterlassen, um akzeptiert zu werden? • Wie gestaltet sich euren Umgang miteinander? Was sind die Dos und Don'ts?

Reflexion 1: Kulturfunktionen verstehen und implementieren

5.1.2 Reflexion der Qualität von Kultur

In Kapitel 2.3 wurde über die Qualität bzw. *Stärke* von Kultur gesprochen. Wie stark eine Kultur ist und was genau unter Stärke zu verstehen ist, ist allerdings sehr individuell und von Unternehmerfamilie zu Unternehmerfamilie verschieden. Kulturelle Besonderheiten, die in einer Unternehmerfamilie funktional sind, können in einer anderen (eher) dysfunktional und konfliktfördernd wirken.

Die Fragen in Reflexion 2 dienen zunächst dazu, ein Verständnis bezüglich der eigenen kulturellen Qualität zu erlangen (Caspary u. Kleve 2023, S. 8).

- Wie stellt ihr sicher, dass eure Überzeugungen allen Mitgliedern bekannt sind?
- Teilen alle Mitglieder eure Überzeugungen? Wo gibt es Widersprüche, und wie geht ihr damit um?
- Sind eure Überzeugungen für jeden selbstverständlich? Wenn nicht, warum? Wie kann dies geändert werden? Welche konkreten Schritte sind zu gehen?
- Wie tragen eure Überzeugungen zu Leistungserbringung, Veränderungsbereitschaft und transgenerationalem Fortbestand bei?

Reflexion 2: Ausprägung kultureller Einfluss (Stärke)

Starke Kulturen entfalten dabei positive, aber u. U. auch negative Effekte auf die Unternehmerfamilie. Diese sind in Tabelle 5 erläutert worden und dienen als Grundlage für Reflexion 3. Diese Übung möchte dazu einladen, die positiven oder negativen Effekte der eigenen Kultur zu reflektieren, um sich dann konkret zu überlegen, wie die Kultur gestärkt werden kann. Alternativ kann für jeden Effekt die Vorlage von Reflexion 10 genutzt werden.

	Wie macht sich dies im täglichen Miteinander bemerkbar?	
Positive Effekte		
Handlungsorientierung	• … • …	
Reibungslose Kommunikation	• … • …	
Rasche Entscheidungsfindung	• … • …	
Zügige Implementation	• … • …	
Geringer formaler Kontrollaufwand	• … • …	
Motivation/Teamgeist	• … • …	
Stabilität	• … • …	
Negative Effekte		
Tendenz zur Abschließung	• … • …	
Abwertung neuer Orientierungen	• … • …	
Wandelbarrieren	• … • …	
Fixierung auf traditionelle Erfolgsmuster	• … • …	
Kulturdenken	• … • …	

Reflexion 3: Gestaltung der positiven und negativen kulturellen Effekte

5.1.3 Reflexion von Wachstumsdynamiken

Unternehmerfamilien sind in der Regel unweigerlich Wachstumsdynamiken ausgesetzt. Das heißt, die Anzahl der am Eigentum des Unternehmens partizipierender Familienmitglieder wächst. Hierdurch wird die Unternehmerfamilie vor die Herausforderung gestellt, die Bindungskraft zwischen den Mitgliedern und zum Unternehmen aufrechtzuerhalten. Erschwert wird dies durch die Herausformung

	Existieren Widersprüche zwischen den Subkulturen? Wenn ja, welche?	**Was muss getan werden, um den jeweiligen positiven Effekt zu stärken?**	**Wie kann dies konkret umgesetzt werden?**
	• … • …	• … • …	• … • …
	• … • …	• … • …	• … • …
	• … • …	• … • …	• … • …
	• … • …	• … • …	• … • …
	• … • …	• … • …	• … • …
	• … • …	• … • …	• … • …
	• … • …	• … • …	• … • …
	• … • …	• … • …	• … • …
	• … • …	• … • …	• … • …
	• … • …	• … • …	• … • …
	• … • …	• … • …	• … • …
	• … • …	• … • …	• … • …

von Subkulturen, die sich in ihren Basisüberzeugungen unterscheiden und teilweise widersprechen (Kap. 2.5 u. 3.1). Die Unternehmerfamilie und ihre Gesamtkultur muss daher anschlussfähig an die Subkulturen sein. Reflexion 4 dient dazu, Ideen zu generieren, um auf die Folgen von Wachstum und Alter Antworten zu finden, damit die Bindungsfähigkeit auch zukünftig gestärkt wird. Die Erklärung der Dimensionen liefert Tabelle 6.

Auswirkung	Beschreibung
Verlust der direkten und persönlichen Kommunikation und Bekanntheit	• Wie wird die Kommunikation zwischen den Mitgliedern sichergestellt? • Welche Bedeutung nimmt die elektronische Kommunikation ein, und wie wird sie eingesetzt (Mail, Messenger, Gruppen usw.)? Können damit alle Mitglieder erreicht werden? Wenn nicht, wie kann dies gelingen? • Gibt es bei der Wahl der Kommunikationsmedien eine Art Generationenkonflikt? Wenn ja, wie kann damit umgegangen werden? • Welche Möglichkeiten gibt es noch, den persönlichen Kontakt und Austausch zu fördern (Familientreffen, Gesellschaftertreffen usw.)? • Existieren bei euch zentrale Kommunikationseinheiten (z. B. Family Office), die den Austausch innerhalb der Unternehmerfamilie sicherstellen und fördern? Wenn nicht, was kann die Kommunikation unterstützen?
Familiäre Vertrautheit verwässert	• Wie wird das Vertrauen innerhalb eurer Unternehmerfamilie sichergestellt und gefördert? • Welche Konsequenzen hat es, wenn ein Mitglied das Vertrauen missbraucht? • Gibt es ungeschriebene Regeln? Wenn ja, welche? Wie wird sichergestellt, dass sich jedes Mitglied an sie hält? • Bedarf es (bereits) formalisierter Regeln oder Verträge, um das Miteinander zu gestalten? Welchen Einfluss haben sie auf die familiäre Vertrautheit?
Veränderung der Koordinationsmethoden	• Wie wird die Koordination zwischen den Familien(mitgliedern) sichergestellt? • Existieren auf der Ebene der Unternehmerfamilie zentrale Koordinationspunkte? • Welche Strukturen und davon abgeleitete Prozesse sind etabliert worden, um die Koordination zu erleichtern? Wie bewertet ihr deren Funktionsfähigkeit? Was sind konkrete Maßnahmen für eine Optimierung? • Wie wird sichergestellt, dass jedes Familienmitglied erreicht wird?
Standardisierungsdruck wächst	• Wie sehr kann auf die individuellen Bedürfnisse jedes einzelnen Mitglieds bzw. jedes Familienstamms (noch) eingegangen werden? Existiert hier womöglich eine Differenzierung zwischen den Mitgliedern/Familien? • Wo ist eine Standardisierung richtig und wichtig? Wo ist sie eher nachteilig? Mit welchen Widerständen werdet ihr familienintern konfrontiert, und wie können diese aufgelöst bzw. der Umgang mit ihnen gestaltet werden? • Existieren hier Unterschiede zwischen den Subsystemen? Wie löst ihr das auf der Ebene der Unternehmerfamilie?
Wesen der Verantwortlichkeit ändert sich	• Aufgrund welcher Grundlage werden in eurer Unternehmerfamilie Entscheidungen getroffen? Ist dies eher zahlen-, daten-, faktenbasiert, oder dienen eher die Bedürfnisse der einzelnen Mitglieder/Familien als Orientierung? Wie geht ihr mit Widersprüchen um? • Existieren Unterschiede zwischen den Subsystemen im Hinblick auf die darin gehegten Erwartungen. Wie wird dies auf der Ebene der Unternehmerfamilie gelöst? • Wie wird sichergestellt, dass die Bedürfnisse Einzelner wahrgenommen werden? • Wer trägt Verantwortung, wer nicht? Woran liegt dies?

Auswirkung	Beschreibung
Strategischer Fokus wird schwieriger	• Wie wird sichergestellt, dass trotz ungleicher Verteilung der Eigentümeranteile und der daraus resultierenden unterschiedlichen Gewichtung von Prioritäten ein für alle Mitglieder gerechter Ausgleich zwischen Geben und Nehmen besteht? • Woran orientiert sich euer strategischer Fokus? Eher an Familie, Unternehmen oder Eigentümerkreis? Wie löst ihr Widersprüche?
Rolle zentraler Funktionen und Dienstleistungen wird kontroverser	• Wie wird der Einfluss bzw. die Bedürfnisse einzelner Mitglieder kanalisiert? • Welche Entscheidungen werden auf der Ebene der Unternehmerfamilie getroffen, und wie wird dies von den Mitgliedern angenommen? Treten hier Konflikte auf? Wie wird mit diesen umgegangen? • Wie wird mit dem Spannungsfeld zwischen den individuellen Ansprüchen der Subsysteme und/oder einzelner Familienmitglieder und dem Fokus der Unternehmerfamilie umgegangen? Wo entstehen Dysfunktionen, und wie wird mit ihnen umgegangen?
Familiengefühl geht verloren	• Wie stellt ihr die Verbundenheit zur Unternehmerfamilie sicher? Liegt der Fokus eher auf der familiären Identität oder auf der Anbindung an ein Unternehmen? Warum? • Existieren Unterschiede zwischen den Generationen? Wenn ja, wo sind die Ursachen zu finden? Wie könnt ihr damit umgehen? • Existieren Unterschiede zwischen den Mitgliedern abhängig davon, ob diese nur Anteile am Unternehmen halten oder zusätzlich operativ mitarbeiten? Wieso treten hier Unterschiede auf, was ist deren Ursache, und wie kann in der Unternehmerfamilie damit umgegangen werden? • Welche Rolle nehmen eure Werte ein? Sind sie allen bekannt und für den Großteil der Familienmitglieder passend? Wo bestehen bei den Werten unterschiedliche Auffassungen, und wie geht ihr damit um?
Gemeinsame Kultur ist schwer aufrechtzuerhalten	• Welche Subkulturen haben sich bei euch bereits herausgebildet? Wie macht sich dies bemerkbar? Wie wirken sie auf die Gesamtkultur (Tab. 9)? • Was wird auf der Ebene der Unternehmerfamilie getan, um die Identifizierung zu stärken? • Wo existieren Widersprüche zwischen den Subkulturen oder zwischen Sub- und Gesamtkultur?

Reflexion 4: Auswirkungen von Wachstum und Alter auf die Unternehmerfamilie

5.1.4 Reflexion der Kulturebenen

Wie in Kapitel 2.4 beschrieben, materialisiert sich Kultur auf drei Ebenen: einer (primär) unbewussten, einer teilweise (un)bewussten und einer manifesten Ebene. Letztere ist erlebbar, beobachtbar und spürbar, nicht nur für die jeweiligen Mitglieder, sondern auch für externe Stakeholder. Hingegen ist die Strukturebene für Beobachter und selbst für die Mitglieder nicht (immer) direkt zugänglich.

Reflexion 5 dient dazu, einen Einblick in die jeweilige Kultur zu erlangen. Hier geht es eher darum, welche Vorstellung die Mitglieder

Sachebene

Erzählte Geschichten
- Welche Geschichten muss ein Mitglied unbedingt kennen?

Rituale & Routinen
- Welche Arten von Ritualen & Routinen gibt es bei euch?
- Wie laufen diese ab?

Kommunikation
- Wie redet ihr miteinander: familiär oder formal?
- Welche Medien nutzt ihr zum Austausch?

Umgang
- Wie gestaltet sich euer Umgang miteinander?
- Was gibt euch Orientierung?
- Was muss befolgt werden?

Regeln
- Welche Regeln müssen bei euch eingehalten werden?
- Welche Konsequenzen hat ein Regelverstoß?

Strukturen
- Existieren formale Beschreibungen oder Hierarchien? Was gibt euch Struktur?
- Wie strukturiert ihr euer Zusammenleben?

Beziehungsebene

Werte
- Welche Werte sind euch wichtig?
- Was wird unter dem jeweiligen Wert verstanden?

(Verhaltens-)Erwartungen
- Welche Erwartungen werden an Mitglieder gestellt?
- Wie wird deren Nicht-Erfüllung sanktioniert?

Welches sind die Dos & Don'ts, um Vertrauen zu erlangen?

Do's:	*Don'ts:*

Strukturebene

Prioritäten
- Was ist für euch wichtig?
- Worauf ist bei euch der Fokus gerichtet?

Prozesse & Praktiken
- Wie gestaltet sich der Umgang der Mitglieder miteinander?
- Wie anpassungsfähig seid ihr?
- Was unternehmt ihr für eure Weiterentwicklung?

Ursachenklärung
- Woran liegt es, dass etwas (keine) Bedeutung für euch hat?
- Worauf müsst ihr achten, und woher kommt das?
- Warum sind die Dinge so, wie sie sind?

Zweck der Existenz
- Warum existiert ihr als Unternehmerfamilie?
- Was ist der Sinn & Zweck eures Bestehens?

Passung Menschentypus
- Wer zählt bei euch als Mitglied der Unternehmerfamilie?
- Welche Kriterien müssen dafür erfüllt werden?
- Müssen Funktionen ausgeführt werden, oder reicht allein die Eigentümerschaft?

Reflexion 5: Drei Ebenen von Kultur reflektieren

von ihrer Kultur haben, welche Sichtweise oder Annahmen sie bezüglich ihrer Kultur haben. Der Zweck dieser Übung ist daher vorwiegend, eine Basis bereitzustellen, auf der die Mitglieder in den Diskurs eintreten können: Wie erlebt jeder einzelne *seine* Kultur? Anschließend lassen sich etwaige Muster ableiten; Ziel ist also, ein erstes Verständnis zu erlangen, warum die Unternehmerfamilie *so ist, wie sie ist.* Die Vorlage sollte deswegen erst von jedem Mitglied einzeln ausgefüllt werden, um die Ergebnisse dann in der Unternehmerfamilie gemeinsam zu besprechen.

Für ein *objektives* Bild ist es notwendig, möglichst jedes Mitglied zu befragen und die einzelnen Angaben dann zu aggregieren. Denn jede Aussage ist unweigerlich subjektiv verzerrt.

5.1.5 Reflexion subkultureller Eigenheiten und deren Integration

Die Subkulturen haben einen wesentlichen Einfluss auf die Unternehmerfamilie. Aufgrund ihrer unterschiedlichen und sich teilweise widersprechenden Gerechtigkeitslogiken formen sie individuelle Basisüberzeugungen aus, was sich auf der Beziehungs-, aber auch auf der Sachebene bemerkbar macht (Kap. 3.1). Die (Kultur der) Unternehmerfamilie muss daher einerseits anschlussfähig an die Subkulturen sein, andererseits Gleichgewichtszustände zwischen den Subkulturen herstellen und diesen Ordnung, Stabilität, Sinn usw. (Tab. 5) vermitteln, indem sie für Orientierung, Ausgleich, Bedeutung und Gerechtigkeit sorgt. Dafür sorgen neben der Kultur die Strategie und Strukturen.

Reflexion 6 dient dazu, sich die Ansprüche der Subkulturen zu vergegenwärtigen, um davon ausgehend ein Bild zu kreieren, wie auf der Ebene der Unternehmerfamilie mit diesen umgegangen werden kann. Umgang heißt im Detail, welche Formen der Ordnung, des Ausgleichs, der Bedeutung und Gerechtigkeit die Subkulturen fordern und fördern sollten und wie dies mittels kultureller, strategischer und struktureller Aspekte umgesetzt werden kann.

Für ein möglichst umfassendes und *objektives* Bild sollten zunächst möglichst alle Mitglieder diese Vorlage einzeln bearbeiten, dann sollten die Einzeleindrücke aggregiert werden, um sie gemeinsam zu besprechen und Implikationen abzuleiten.

Ebene der Subsysteme

Familie
- Was zeichnet dieses Subsystem aus?
- Woran orientieren sich die darin getroffenen Entscheidungen?
- Welche Formen des Ausgleichs existieren darin?
- Was ist darin von Bedeutung?
- Nach welchen Gerechtigkeitskriterien wird darin gehandelt?
- Welche Erwartungen haben die Mitglieder?

Unternehmen
- Was zeichnet dieses Subsystem aus?
- Woran orientieren sich die darin getroffenen Entscheidungen?
- Welche Formen des Ausgleichs existieren darin?
- Was ist darin von Bedeutung?
- Nach welchen Gerechtigkeitskriterien wird darin gehandelt?
- Welche Erwartungen haben die Mitglieder?

Eigentümerkreis
- Was zeichnet dieses Subsystem aus?
- Woran orientieren sich die darin getroffenen Entscheidungen?
- Welche Formen des Ausgleichs existieren darin?
- Was ist darin von Bedeutung?
- Nach welchen Gerechtigkeitskriterien wird darin gehandelt?
- Welche Erwartungen haben die Mitglieder?

Ebene der Unternehmerfamilie

Welche in der *Familie* gehegten Erwartungen wirken positiv/negativ?

+	–

Welche im *Unternehmen* gehegten Erwartungen wirken positiv/negativ?

+	–

Welche im *Eigentümerkreis* gehegten Erwartungen wirken positiv/negativ?

+	–

Orientierung
- Welches Bild ergibt sich bei euch anhand der Subsysteme?
- Was dient euch zur Orientierung?
- Ist dies mit den Subsystemen vereinbar?

Ausgleich
- Welches Bild ergibt sich bei euch anhand der Subsysteme?
- Was dient euch zum Ausgleich?
- Ist dies mit den Subsystemen vereinbar?

Bedeutung
- Welches Bild ergibt sich bei euch anhand der Subsysteme?
- Was ist für euch von Bedeutung?
- Ist dies mit den Subsystemen vereinbar?

Gerechtigkeit
- Welches Bild ergibt sich bei euch anhand der Subsysteme?
- Was ist Gerechtigkeit für euch?
- Ist dies mit den Subsystemen vereinbar?

Kultur
- Stellt eure Kultur Werte bereit, um die Erwartungen der Subsysteme zu erfüllen?
- Wie geht ihr mit negativ erlebten Erwartungen um?
- Schafft eure Kultur eine für alle Subsysteme passende Orientierung, Ausgleich, Bedeutung & Gerechtigkeit? Wie wird dies sichergestellt?

Strategie
- Berücksichtigt eure Strategie die Bedürfnisse der Subsysteme?
- Deckt eure Strategie eine für alle Subsysteme passende Orientierung, Ausgleich, Bedeutung & Gerechtigkeit ab? Wie wird dies sichergestellt?
- Wo bedarf es einer Anpassung, aber auch einer bewussten Differenz?

Struktur
- Sind eure Strukturen für das Zur-Verfügung-Stellen von Orientierung, Ausgleich, Bedeutung & Gerechtigkeit zweckdienlich?
- Wo bedarf es einer Anpassung?
- Sind eure Strukturen zweckdienlich, um ggf. verschiedene Erwartungen zu puffern bzw. orientierend und ausgleichend zu wirken?

Reflexion 6: Integration der subkulturellen Eigenheiten

5.2 Wertekultur leben

Werte sind wesentliche Kulturtreiber und stellen das »beständige Element einer Kultur« (Hofstede u. Hofstede 2011, S. 26) dar. Als Bindeglied ermöglichen sie einen Einblick in die Strukturebene und durch die davon abgeleiteten Erwartungen prägen Werte die Verhaltensweisen der Mitglieder. Wie in Kapitel 3.6 ausgeführt, sind Werte Identitätslieferanten und ermöglichen als Orientierungspunkte eine Abgrenzung als Unternehmerfamilie. Ebenso unterstützen sie die Kulturfunktionen (Kap. 2.2). Abgeleitet von den Basisüberzeugungen beeinflussen Werte maßgeblich die Denk- und Handlungsweisen einer Unternehmerfamilie. Ein Wertesystem vermittelt den Mitgliedern, was im System als Ganzes Bedeutung hat und wonach dieses strebt.

Wertesysteme ersetzen die klassischen Mechanismen von Weisungen und Kontrolle. Sie dienen den Mitgliedern und externen Stakeholdern als zuverlässige Basis, die die Erwartungen an die Unternehmerfamilie und deren Mitglieder festlegt (Kloss 2009, S. 193 f.). Laut Klatten bedingt »unternehmerisches Handeln die richtige Balance von Kontinuität und Wandel« (Klatten 2002, S. 60). Kontinuität im Hinblick auf die vertretenen Werte, die von Generation zu Generation weiterwachsen, und Wandel als Anpassung an ein sich stetig änderndes wirtschaftliches Umfeld. Für den transgenerationalen Erfolg müssen Unternehmerfamilien daher einerseits ihre kulturell verankerten Werte wahren, aber andererseits müssen sie (inhaltlich) wandlungsfähig bleiben.

Die Methoden in diesem Abschnitt sollen dazu dienen, der Unternehmerfamilie die Möglichkeit zu geben, sich der eigenen Werte bewusst zu werden. Denn es besteht die Gefahr, dass zwar vom selben Wert gesprochen wird, dieser von den Mitgliedern aber inhaltlich unterschiedlich aufgefasst wird. Besonders zwischen den Generationen kann die Auffassung, was unter einem spezifischen Wert zu verstehen ist, auseinanderlaufen. Aus diesem Grund müssen Werte immer wieder auf ihre inhaltliche Passung hin überprüft werden. Gerade in Unternehmerfamilien wird das Wertesystem wesentlich durch die Gründergeneration geprägt. Liegt diese Prägung bereits mehrere Generationen zurück, stellt sich die Frage, wie zeitgemäß die inhaltliche Auffassung eines Wertes und die daraus abgeleiteten Normen und (Verhaltens-)Erwartungen überhaupt noch sind.

Bei der Reflexion der eigenen Werte bzw. deren Aktualisierung ist jedoch auf die Unterscheidung zwischen wünschenswerten und erwünschten Werten zu achten:

- *Wünschenswerte Werte* spiegeln die Vorstellung bezüglich einer idealen Welt wider. Hier vollzieht sich eine Bewertung gemäß richtig/falsch, Zustimmung/Ablehnung, wichtig/unwichtig. Wünschenswerte Werte haben nur eine entfernte Ähnlichkeit mit dem tatsächlichen Verhalten.
- *Erwünschte Werte* geben Auskunft darüber, was ein Mensch sich für sich selbst wünscht (inklusive nicht tugendhafter Wünsche). Sie kommen dem tatsächlichen Verhalten näher, müssen diesem allerdings nicht entsprechen, z. B., wenn Betroffene vor eine Wahl gestellt werden.

Deutlicher wird der Unterschied anhand der daraus abgeleiteten Normen:

- *Wünschenswerte Normen* sind eher absolut und geben das wieder, was aus ethischer Sicht richtig ist. Die Ideologie ist der Bezugspunkt.
- *Erwünschte Normen:* Sind eher statisch und spiegeln die von der Mehrzahl getroffenen Entscheidungen wider. Die Praxis ist der Bezugspunkt.

Gerade bei der Reflexion/Entwicklung, aber auch bei der Erhebung von Werten besteht oftmals die Gefahr, dass Betroffene wünschenswerte Werte/Normen betrachten (Hofstede u. Hofstede 2011, S. 26 ff.). Da Letztere aber kaum oder gar keine Deckungsgleichheit mit den Basisüberzeugungen aufweisen, dienen sie allenfalls als schöne Fassade für externe Stakeholder, haben allerdings nicht mit der realen Situation zu tun und können daher nicht Identifikation, Orientierung, Sinn usw. stiften. Darauf sollte geachtet werden. Die Inhalte im folgenden Abschnitt wurden von Caspary und Kleve (2023) übernommen.

5.2.1 Werte finden – Design eines Kurzworkshops

In Unternehmerfamilien kann aufgrund der Anzahl der Mitglieder sowie der unterschiedlichen Generationen eine Fülle von Werten existieren. Für eine einheitliche Orientierung ist aber ein gemeinsamer Werterahmen notwendig, damit die Zielrichtung für jedes Mitglied ersichtlich ist. Der in Tabelle 18 skizzierte Kurzworkshop unterstützt dabei, gültige Werte für die Unternehmerfamilie zu formulieren.

<table>
<tr><td colspan="2">Ziel</td><td>Nach dem Workshop
• seid ihr euch eurer Werte bewusst!
• habt ihr eure Kernwerte festgelegt!
• kennt ihr euer weiteres Vorgehen!</td></tr>
<tr><td colspan="2">Materialien, Raum</td><td>• Flipchartpapier
• Flipchartstifte (pro Gruppe verschiedene Farben)
• Pinnwände oder Wandfläche zum Aufhängen der Ergebnisse
• Geeigneter Raum; eventuell Ausweichräume für die Gruppenarbeit</td></tr>
<tr><td colspan="2">Moderator</td><td>Gewährleistet den reibungslosen Ablauf:
• Zeitmanagement
• Zusammenfassung der Ergebnisse
• Stellen kritischer Fragen
• Nachbereitung, Aufbereitung und Aussendung der Ergebnisse
Hinweis: Der Moderator kann aus dem Kreis der Unternehmerfamilie stammen. Er arbeitet inhaltlich nicht mit! Moderatoren dürfen sich grundsätzlich nicht in Dynamiken einbeziehen lassen.</td></tr>
<tr><td>#</td><td>Dauer (Min.)</td><td>Inhalt</td></tr>
<tr><td></td><td>15–30</td><td>Come Together – Eintreffen der Teilnehmer</td></tr>
<tr><td>1</td><td>15</td><td>Willkommen & Orientierung durch Moderator
• Begrüßung
• Zielsetzung des Workshops
• Vorstellung der Agenda
• Klärung etwaiger Fragen</td></tr>
<tr><td>2</td><td>20</td><td>Input zum Thema Werte(kultur) durch Moderator
• Inhalte: siehe vorliegendes Buch</td></tr>
<tr><td>3</td><td>45–60</td><td>Gruppenarbeit in Dreiergruppen
• Selbstfindung der Gruppen oder Einteilung durch Moderator
• Jede Gruppe diskutiert, welche Werte ihr wichtig sind.
Folgende Fragen unterstützen den Prozess:
– Welche Werte sind mir für den Umgang innerhalb der Unternehmerfamilie wichtig? Welche lehne ich ab?
– Welche Bedeutung haben meine Werte für die Zusammenarbeit innerhalb der Unternehmerfamilie? Warum?
– Welche Werte fördern die generationenübergreifende Perspektive? Warum?
• Jede Gruppe fasst ihre Ergebnisse auf einem Flipchart zusammen.</td></tr>
<tr><td></td><td>15</td><td>Pause</td></tr>
<tr><td>4</td><td>60–90</td><td>Ergebnispräsentation der Gruppenarbeiten im Plenum und Klärung von Verständnisfragen
• Moderator leitet an, stellt kritische Fragen und strukturiert</td></tr>
<tr><td></td><td>15</td><td>Pause</td></tr>
<tr><td>5</td><td>90</td><td>Erarbeitung gemeinsamer Werte im Plenum
Hinweis: Dieser Schritt benötigt Zeit und ist für das gemeinsame Commitment wesentlich.
• Moderator diskutiert gemeinsam mit den Teilnehmern:
– Wo bestehen Gemeinsamkeiten zwischen den präsentierten Werten?
– Welche Werte können wir zusammenfassen?
– Welche Werte sind für uns unvereinbar und stehen im Widerspruch zueinander? Gibt es hierzu eine Lösung? Wie können wir damit umgehen?</td></tr>
</table>

		• Zusammengefasste Werte werden auf ein Flipchart geschrieben. *Hinweis:* Die Zahl der Werte sollte begrenzt werden, sonst verlieren sie ihre Wirkkraft. Welches sind die wesentlichsten Kernwerte?
	15–30	Zusammenfassung, Einholen von Feedback und Ausblick auf das weitere Vorgehen durch Moderator
Nächste Schritte: • Feedbackschleife mit den restlichen Mitgliedern der Unternehmerfamilie • Weiterentwicklung und Spezifizierung der Werte (siehe nächste Abschnitte) Diese können in eigenen Workshops vollzogen werden.		

Tab. 18: Design eines Kurzworkshops über Werte

5.2.2 Werte entwickeln

Im Wertefindungsprozess gibt es eine Schwierigkeit. Jeder Mensch hat eine andere inhaltliche Auffassung von Werten. Das heißt, wir sprechen zwar von demselben Wert, z. B. *Vertrauen,* was jeder Einzelne mit ihm verbindet, ist jedoch sehr individuell. Ein inhaltlich einheitliches Verständnis ist aber essenziell. Durch die Methode der Werteentwicklung ist es möglich, Werte gegeneinander abzugleichen. Passen diese zusammen, oder widersprechen sie sich? Um den Sinn bzw. die Konsequenzen eines Wertes darzustellen, bietet sich folgende Vorgehensweise in vier Schritten an.

Wert: Vertrauen	
Leitsatz: ... gibt uns eine klare Orientierung, wie wir den Umgang miteinander gestalten möchten; vor allem dann, wenn wir unterschiedlicher Meinung sind	
Wie zeigt sich der Wert (Ausprägungsformen)?	**Was sind die Konsequenzen des Wertes?**
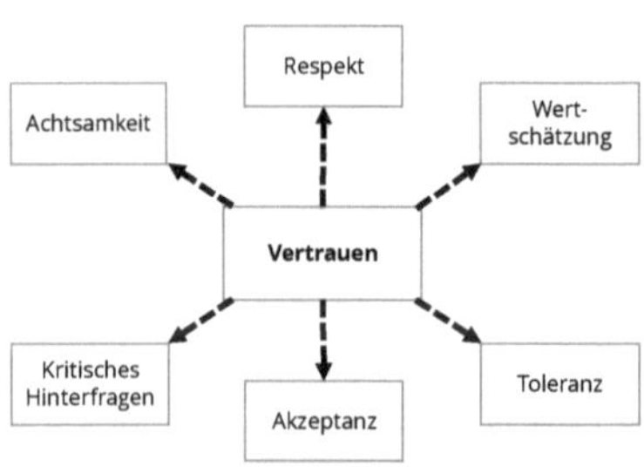	• ... bedeutet, sich auf andere Familienmitglieder verlassen zu können! • ... unterstützt uns, auch in schwierigen Situationen offen miteinander zu sprechen, um gemeinsame Lösungen zu finden! • ... befähigt uns, jeden Einzelnen als einen wichtigen Bestandteil des Ganzen zu sehen! • ... begünstigt, dass jedes Familienmitglied geachtet wird und die Bindung zu unserer Unternehmerfamilie sichergestellt wird!

Reflexion 7: Spezifikation von Werten

Vorgehen (Reflexion 7):
Bestimmt zunächst einen Moderator, der die Wortmeldungen auf einem Flipchart sammelt.

1) *Festlegung Wert:* Tragt den Wert, den ihr spezifizieren wollt, als Überschrift ein.
2) *Erstellung Leitsatz:* Erstellt einen gemeinsamen Leitsatz, der den Wert umschreibt. *Achtung:* Ein Leitsatz darf nicht zu spezifisch sein, sondern beschreibt eher eine Metaebene. Er sollte kurz und prägnant sein. Bitte beachtet dabei die Bedürfnisse der drei Subkulturen.
3) *Festlegung Ausprägungsformen des Wertes:* Einigt euch auf maximal sechs Ausprägungsformen. Wichtig ist ein gemeinsames Verständnis. Diskutiert, wie sich der Wert für euch zeigt, d. h. welche Erwartungen sich für die Mitglieder eurer Unternehmerfamilie daraus ergeben. Zur besseren Nachvollziehbarkeit könnt ihr die Erklärung unterhalb der Ausprägung schreiben, z. B.:
   a) *Respekt* im gegenseitigen Umgang
   b) *Akzeptanz* unterschiedlicher Ansichten und Meinungen
   c) *Achtsamkeit* im Hinblick auf die Bedürfnisse meines Gegenübers
4) *Festlegung der Konsequenzen des Wertes:* Abschließend schreibt bitte die Konsequenzen dieses Wertes für eure Unternehmerfamilie im täglichen Miteinander auf. Bitte nicht ausufernd. Beachtet das Spannungsfeld zwischen Detaillierungs- und Abstraktionsgrad sowie die Bedürfnisse der drei Subkulturen.

Nach der Ermittlung der Kernwerte können diese den restlichen Mitgliedern der Unternehmerfamilie präsentiert, und Feedback kann eingeholt werden. Im Sinne der Nachhaltigkeit ist ein möglichst umfassender Konsens erforderlich. Hier bedarf es womöglich mehrerer Bearbeitungs- und Feedbackschleifen (Abb. 8).

5.2.3 Werte spezifizieren

Die nächste Übung unterstützt dabei, Werte kritisch zu hinterfragen. Hierdurch ist es möglich, etwaige Konsequenzen für die Verwendung abzuleiten und notwendige Entwicklungsschritte festzulegen.

Werte weisen immer auch eine Art Gegenpart auf, wie diese Beispiele illustrieren:

- Großzügigkeit ↔ Sparsamkeit
- Durchsetzung ↔ Rücksicht
- Mut ↔ Vorsicht
- Vertrauen ↔ Kontrolle.

Beide Werte eines Paares sind sinnvoll und stehen in einem positiven Spannungsverhältnis zueinander. In Abhängigkeit von der Situation bzw. den äußeren Bedingungen bewegt man sich in der Regel irgendwo zwischen den beiden Werten.

Zur Herausarbeitung sowie Spezifizierung von Kernwerten dient das *Werteentwicklungsquadrat* (Reflexion 8, angelehnt an Schulz von Thun 1989, S. 38 ff.). Zur Erklärung wurde hier der Wert *Vertrauen* als Ausgangswert verwendet.

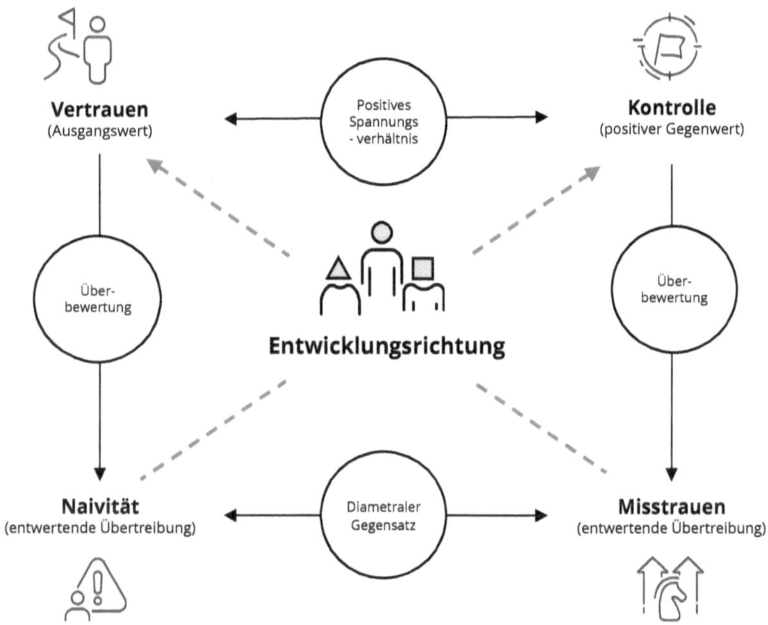

Reflexion 8: Werteentwicklungsquadrat

Vorgehen:

1) *Ausgangswert festlegen:* Stellt den Wert dar, der primär verfolgt wird bzw. verfolgt werden soll. In Reflexion 8 ist es das »Vertrauen«.
2) *Positiven Gegenwert erarbeiten:* Ein Wert steht immer in einem positiven Spannungsverhältnis zu einem anderen, dem

Gegenwert. Beide bedingen sich gegen- und wechselseitig.
In diesem Beispiel wäre das die »Kontrolle«. Obwohl jedem Mitglied zugesprochen wird, dass es nach bestem Wissen und Gewissen sowie zum Wohle der Unternehmerfamilie handelt, bedarf es bei wichtigen bzw. kritischen Angelegenheiten der Ergebniskontrolle (z. B. Vieraugenprinzip).
3) *Übertreibung des Ausgangswertes überlegen:* Welche Konsequenzen entstehen, wenn der Ausgangswert übertrieben wird und man sich nur auf diesen fokussiert?
Im Beispiel führt dies zu »Naivität«. Der Blick für die Dynamiken und Handlungen innerhalb und außerhalb der Unternehmerfamilie geht verloren.
4) *Übertreibung des Gegenwertes überlegen:* Welche Konsequenzen entstehen, wenn der positive Gegenwert übertrieben wird? Die Übertreibung der Kontrolle wäre in diesem Beispiel das »Misstrauen«. Durch die Übertreibung bestimmen Zweifel und Unsicherheiten das Miteinander. Man verlässt sich auf niemandem mehr, und jeder kontrolliert den anderen, was die Funktionsfähigkeit der Unternehmerfamilie beeinträchtigt und das familiäre Miteinander zerstört.

Oft besteht die Gefahr der Überkompensation. Bildlich gesprochen, springt das Pendel von der Übertreibung des Ausgangswertes hin zu der Übertreibung des Gegenwertes. Beide Werte stehen sich aber diametral gegenüber und widersprechen sich, entfalten also negative Konsequenzen und münden in Konflikten. Zur Konfliktvermeidung existieren die Entwicklungsrichtungen:

5) *Maßnahmen zur Entwicklung hin zum positiven Gegenwert definieren:* Ausgehend von der Naivität ist die Kontrolle ein Wert, den man sich aneignen will bzw. dem mehr Raum zugesprochen werden soll. Dabei muss man sich aber vor dem Misstrauen in Acht nehmen, da der Ausgangswert, das Vertrauen, erhalten bleiben soll. Welche Maßnahmen sind daher zu treffen, die zu einer Stärkung des positiven Gegenwertes beitragen, ohne den Ausgangswert zu schwächen?
Beispiel: Wir gewähren uns die nötigen Freiräume und setzen auf die Kompetenz unserer Mitglieder, sprechen uns aber ab und diskutieren immer mögliche Konsequenzen für unsere langfristige Strategie.

6) *Maßnahmen zur Entwicklung hin zum Ausgangswert definieren:* Ähnlich wie Punkt 5. Hier soll man sich vor dem *Misstrauen* in Acht nehmen. Das bedeutet, das Vertrauen zu stärken, ohne die Kontrolle aus dem Auge zu verlieren. *Beispiel:* Wie legen klare Ziele fest und stellen einen klaren Orientierungsrahmen für unsere Mitglieder zur Verfügung, in dem sie sich frei bewegen können.

Durch die Verwendung des Werteentwicklungsquadrats bietet sich ein umfassenderer Überblick auf den Ausgangswert. Ebenso ermöglichen die Entwicklungsrichtungen, dass Maßnahmen erkannt und festgelegt werden können, die zu einer Stärkung des Ausgangswertes und dessen positiven Gegenwertes beitragen. Für den positiven Gegenwert kann auch die Übung aus Abschnitt 5.2.2 durchgeführt werden (Reflexion 7). Für einen nachhaltigen Erfolg ist das Commitment aller Mitglieder der Unternehmerfamilie notwendig. Die Ausarbeitungen sollten allen vorgelegt/präsentiert und Feedback sollte eingefordert werden.

5.3 Kultur des richtigen Funktionierens

Gerade für Unternehmerfamilien ist es von Bedeutung, eine Kultur zu etablieren, die vor dem Hintergrund des Zusammenspiels der drei Subkulturen zuverlässig *funktioniert.* Nach Malik (2014, S. 29) existieren sechs zentrale Kulturdimensionen, anhand derer Kultur begriffen werden und deren Existenz und Zusammenspiel die Funktionsfähigkeit von Kultur fördern kann. In Reflexion 9 sind diese Dimensionen mit entsprechenden Reflexionsfragen angeführt. Diese sollen dazu dienen, ein Bewusstsein bezüglich der Funktionsfähigkeit der eigenen Kultur zu schaffen (Fragen nach Caspary u. Kleve 2023, S. 12; die einzelnen Dimensionen nach Malik 2014, S. 29).

Die aufgelisteten Fragen dienen primär der Reflexion des Status quo; es geht um die (Selbst-)Beobachtung und das Bewusstwerden konkreter Beispiele und Alltagssituationen.

Im nächsten Schritt sollte der Blick auf die Zukunft gerichtet werden. Allerdings geht es hier nicht um eine Änderung der Kultur an sich, sondern eher um eine Anpassung der Gewohnheiten bzw. Verhaltensweisen in Richtung einer Kultur des *richtigen Funktionierens.* Drucker (1992, S. 145) formuliert dies wie folgt: »Wenn Sie Gepflogenheiten ändern wollen, tun Sie es. Ändern Sie aber nicht die Kultur selbst. Ändern Sie nur Gewohnheiten.« Um dies erfolgreich zu gestalten, sind nach Drucker (ebd., S. 145 ff.) drei Schritte notwendig:

1) Festlegung/Definition/Identifikation des gewünschten Zielzustands (Punkt 1 in Reflexion 10).
2) Identifikation bereits existierender Verhaltensweisen innerhalb des Systems oder der Subsysteme, die dazu beitragen, den gewünschten Zielzustand zu erreichen (Punkt 2 in Reflexion 10).
3) Sicherstellung, dass die bereits existierenden Verhaltensweisen, die dazu beitragen können, den Zielzustand zu erreichen, flächendeckend auf die gesamte Unternehmerfamilie bzw. deren Subkulturen transferiert werden (Punkt 3 in Reflexion 10).

Kulturform	**Reflexionsfragen**
Kultur der Leistung	• Was ist Leistung für euch? • Wie wird Leistung in eurer Familie, eurem Unternehmen und eurem Eigentümerkreis belohnt? • Wo gibt es Widersprüche im Leistungsverständnis zwischen Familie, Unternehmen und Eigentümerkreis? Wie löst ihr diese auf der Ebene der Unternehmerfamilie?
Kultur der Professionalität	• Was ist Professionalität für euch? • Wie gestaltet ihr eure Zusammenarbeit? • Wo bestehen Konflikte zwischen Familie, Unternehmen und Eigentümerkreis? Wie äußern sie sich? • Wie wird auf der Ebene eurer Unternehmerfamilie mit Konflikten zwischen Familie, Unternehmen und Eigentümerkreis umgegangen?
Kultur des Vertrauens	• Was ist für euch eine vertrauensvolle Beziehung? • Wo herrscht Misstrauen zwischen Familie, Unternehmen und Eigentümerkreis? • Welche Maßnahmen unternehmt ihr als Unternehmerfamilie für den Aufbau von Vertrauen?
Kultur des Wandels	• Wie veränderungsfähig ist eure Familie, euer Unternehmen und Eigentümerkreis? • Werden Innovationen dort als positiv oder als Gefahr angesehen? • Wer oder was muss bei Veränderungen berücksichtigt werden?
Kultur der Verantwortung	• Was ist Verantwortung für euch? • Wofür wird in Familie, Unternehmen oder Eigentümerkreis Verantwortung übernommen, wo nicht? • Wie wird Verantwortung übertragen bzw. entzogen? • Wer beansprucht Verantwortung, und wer übernimmt sie?
Kultur der Sinnfindung	• Ist der Zweck der Unternehmerfamilie jedem bekannt? • Erkennen alle Mitglieder den Nutzen? Wenn nicht, warum? • Wie wird die Identifikation mit der Unternehmerfamilie in eurer Familie, eurem Unternehmen und Eigentümerkreis sichergestellt?

Reflexion 9: Reflexionsfragen zu den sechs Dimensionen der Kultur des richtigen Funktionierens

	Status quo	**Festlegung/Definition/Identifikation des gewünschten Zielzustands**
①	Wie, *durch welche Verhaltensweisen* äußert sich unsere *Kultur der Leistung* bereits? Beobachtungen/Manifestationen/Beispiele:	Welche Verhaltensweisen müssen angestrebt werden, um eine *Kultur der Leistung* in unserer Unternehmerfamilie zu etablieren?
②	Wo (Gremien, Beiräte usw.) wird in unserer Unternehmerfamilie bereits so gehandelt, wie es unserem Zielzustand einer *Kultur der Leistung* entspricht?	Was wird dort bereits getan bzw. wie verhält man sich dort bereits, um eine *Kultur der Leistung zu* etablieren?
③	Was muss auf der Ebene der Unternehmerfamilie getan werden, damit die *Kultur der Leistung* flächendeckend erreicht wird?	Was wird auf der Ebene der Unternehmerfamilie getan, was der *Kultur der Leistung* im Wege steht? Was verhindert eine flächendeckende Fokussierung darauf?

④

Nächste Schritte (Was, wie, …) – Definition (konkreter) Maßnahmen, um den Zielzustand bzw. die gewünschten Verhaltensweisen in der gesamten Unternehmerfamilie zu etablieren	*Verantwortliche*	*Beginn*	*Ende*
1.			
2.			
3.			
4.			
5.			

Reflexion 10: Entwicklung flächendeckender Verhaltensweisen

Die Vorgehensweise anhand der drei Schritte ist notwendig, da es aufgrund des Beständigkeitscharakters von Kultur schwierig und oftmals unmöglich ist, neue Verhaltensweisen kulturell zu implementieren. Gewohnheits- und Verhaltensänderungen werden daher nur dann nachhaltig sein, wenn sie auf der bestehenden Kultur aufbauen (Drucker 1992, S. 145 f.).

Zielzustände können demnach nicht einfach so *erwünscht* werden; sie müssen zur derzeitigen Kultur passen, d. h. eine Überschneidung mit den Wertesystemen und Basisüberzeugungen aufweisen. Aus diesem Grund ist es, wie unter Punkt 2 angegeben, wichtig zu prüfen, wo in der Unternehmerfamilie bzw. in den Subsystemen bereits entsprechend gehandelt wird, wo bereits ein kulturkonformes Verhalten vermutet werden kann, was flächendeckend übertragbar ist. Die Vorlage zu Reflexion 10 am Beispiel der *Kultur der Leistung* soll dabei unterstützen, die beschriebene Vorgehensweise (Punkte 1–3) praktisch durchzuführen. Ergänzt wurde sie um die Reflexion des Status quo (Punkt 1) und die Definition konkreter Maßnahmen (Punkt 4; angelehnt an Drucker 1992, S. 147).

Auf der Ebene der Unternehmerfamilie müssen die Funktionsträger bzw. Familienmitglieder dann dafür Sorge tragen, dass die bereits in der Kultur vorhandenen bzw. bereits entwickelten effektiven Verhaltensweisen (flächendeckend) in die Praxis transferiert werden. Ein wichtiger und nicht zu vernachlässigbarer Punkt bei der Änderung von Gewohnheiten und Verhaltensweisen ist die Anpassung der Anerkennungs- und Belohnungsgrundlagen. Diese müssen so angepasst werden, dass sie die neuen Verhaltensweisen und Gewohnheiten unterstützen. Erhaltene Anerkennung verstärkt das Bedürfnis nach Anerkennung und führt somit der Wiederholung neuer Verhaltensweisen (Drucker 1992, S. 149).

5.4 Umgang mit Ambivalenzen

Wichtig bei der Betrachtung von Kultur ist die Herausbildung von »Erwartungsstrukturen« (von Schlippe 2017, S. 18), diese bilden sich auf der Beziehungsebene und erzeugen innerhalb der Unternehmerfamilie Sinn. Die jeweiligen Erwartungsstrukturen werden im Alltag in der Regel nicht reflektiert. Sie sind für die Mitglieder selbstverständlich, und jedes Mitglied geht davon aus, dass das Gegenüber ähnliche Erwartungen hegt (von Schlippe 2017, S. 18). Wie in Kapitel 3.2 dargestellt, sind Unternehmerfamilien (sehr) anfällig für Ambivalenzen. Diese häufen sich bei diesem Familientypus aufgrund des Zusammenspiels der drei Subsysteme und des Fehlens entsprechender Kontextmarkierungen. Hier prallen die unterschiedlichen Erwartungsstrukturen der Familie, des Unternehmens und des Eigentümerkreises gleichzeitig aufeinander. Dadurch ist es für Mitglieder oftmals nicht ersichtlich, aus welchem Kontext heraus sie angesprochen werden bzw. aus welcher Logik heraus von ihnen eine Antwort erwartet wird.

Die sich daraus ergebenden nicht komplementären Anschlusskommunikationen (Abb. 3) sind nicht nur Ausgangspunkt für Dilemmata, sondern erhöhen ebenso das Risiko von Konflikten und emotionalen Verletzungen. Um die Ambivalenzen möglichst aufzulösen und den offenen Umgang mit ihnen zu fördern, ist die Etablierung einer Gesprächskultur wichtig, die komplementäre Anschlusskommunikationen fördert, aber auch das Explizieren gegenseitiger Erwartungen. Werden die entstehenden Unsicherheiten nicht offen angesprochen, lodern sie unter der Oberfläche und zehren an den Kräften.

In einem ersten Schritt kann es daher hilfreich und unterstützend sein, eine Gesprächskultur zu etablieren, die den Kontext der Kommunikation offen darlegt, um die Unsicherheiten während der Kommunikation zu reduzieren (Abb. 9). So kann

- der *Sender* gleich ergänzen, aus welchem Kontext er eine Antwort auf seine Nachricht erwartet
- der *Empfänger* bei Unklarheit des Kontexts offen erfragen, aus welchem Kontext der Sender eine Antwort erwartet bzw. aus welchem Kontext sein Gegenüber spricht, bevor der Empfänger antwortet.

Diese Art der Kommunikation wirkt etwas künstlich und hemmend auf den Gesprächsverlauf und ist sicherlich nicht für jede Gesprächssituation passend. In bereits negativ aufgeladenen Situationen und bei aufkommender Unsicherheit kann die Kontextnennung die Kommunikation allerdings entschleunigen, wieder auf die Sache richten und somit Konflikte entschärfen.

Eine andere Möglichkeit ist das aus dem *aktiven Zuhören* entlehnte umschreibende Zuhören. Der Empfänger der Kommunikation wiederholt (paraphrasiert), was er verstanden hat (Abb. 10). Hierdurch wird dem Sender die Möglichkeit eingeräumt, seine Nach-

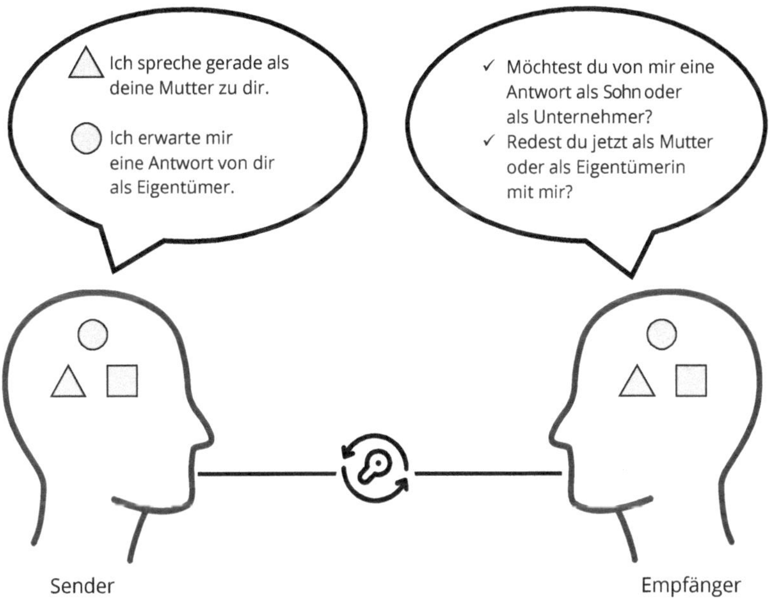

Abb. 9: Schaffung komplementärer Anschlusskommunikation

richt nochmals zu korrigieren und zu spezifizieren. Dies dient der Entschleunigung und fördert in vielleicht bereits angespannten Gesprächssituationen eine komplementäre Anschlusskommunikation.

Die Mitglieder einer Unternehmerfamilie werden ebenfalls mit unterschiedlichen Erwartungsstrukturen konfrontiert, da sie gleichzeitig mehrere Rollen innehaben. So ist z. B. die Unternehmerin zugleich Mutter, Tante, Eigentümerin, Aufsichtsrätin usw. Rollen treten kommunikativ immer in Paaren auf. Es bedarf also immer eines Gegenübers, der die entsprechende Gegenrolle einnimmt. Beide Rollen müssen daher in Relation zueinander betrachtet werden: Mutter–Tochter, Vater–Tochter, Mutter–Sohn, Vater–Sohn, Schwester–Bruder, Übergebender–Nachfolger, Eigentümer–Nachfolger usw. (Caspary 2023, S. 33).

Die Problematik liegt nun darin, dass bei den Rollenträgern unterschiedliche Vorstellungen und damit verbundene Erwartungen über die jeweiligen Rollenpaare existieren können. Dadurch besteht hier eine erhöhte Wahrscheinlichkeit des Auftretens von Unsicherheiten, Missverständnissen, Konflikten und emotionalen Verletzungen. Als (präventive) Maßnahme ist es deshalb hilfreich und förderlich, sich in

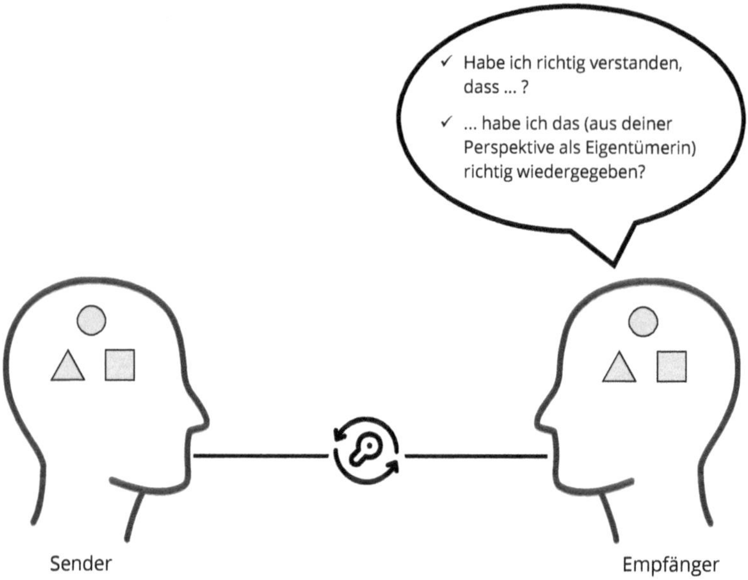

Abb. 10: Aktives Zuhören

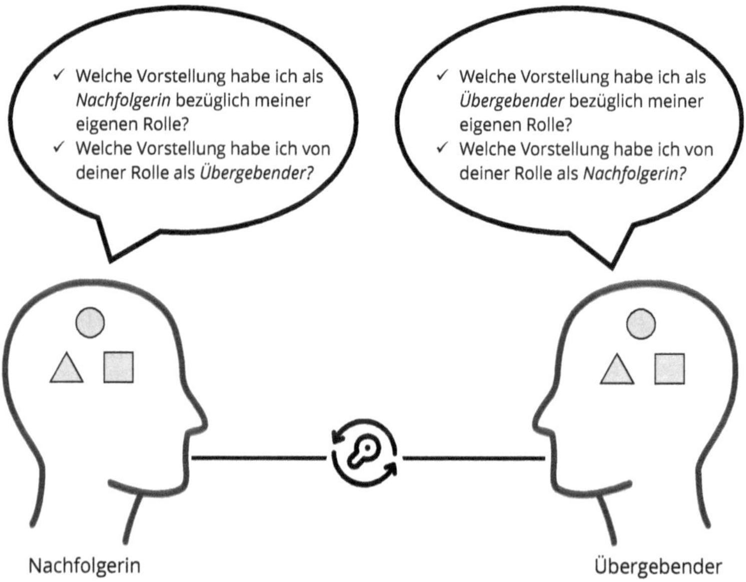

Reflexion 11: Beispielhafter Austausch zwischen Nachfolgerin und Übergebendem zum Abgleich gegenseitiger Vorstellungen

einem Gespräch darüber austauschen, welche gegenseitigen Vorstellungen von den jeweiligen Rollen existieren (ebd.; angelehnt an Satir 1980, S. 179 f.). Anhand des Rollenpaars *Nachfolgerin–Übergebender* sind die gegenseitig zu beantwortenden Fragen in Reflexion 11 dargestellt.

Weitere mögliche Rollenpaare sind Vater–Tochter, Vater–Sohn, Mutter–Tochter, Mutter–Sohn, Schwester–Bruder, Eigentümer–Geschäftsführer, Eigentümer–Nachfolger usw. Ziel des Gesprächs ist es, ein gemeinsames Verständnis der jeweiligen Rollenpaare zu entwickeln, wodurch die Verhaltensweisen und Erwartungen beider Betroffenen wechselseitig nachvollziehbar werden. Anschließend werden die Fragen von Reflexion 12 besprochen (Caspary 2023, S. 34).

1) Wo bestehen Übereinstimmungen unserer Vorstellungen bezüglich deiner und meiner Rolle?
2) Wo bestehen Unterschiede in den Sichtweisen und Erwartungen, die womöglich Anlässe für Konflikte bieten?
3) Wie können wir ein neues Verständnis entwickeln, um unseren Umgang miteinander in einer befriedigenden Art und Weise zu gestalten?

Reflexion 12: Schaffung eines gemeinsamen Rollenverständnisses

Ein weiterer *Ambivalenzherd* entsteht häufig im Rahmen der Nachfolge zwischen den Übergebenden und Übernehmenden. Denn gerade dann treffen die sich teilweise widersprechenden (emotionsgeladenen) familiären und unternehmerischen Erwartungsstrukturen unvermeidlich aufeinander. Speziell die Nachfolger können dabei einer ambivalenten Erwartungshaltung ausgesetzt sein bzw. sich dieser ausgesetzt fühlen. Hier gilt: Klarheit über die gegenseitigen Erwartungen reduziert nicht nur die Ambivalenzen, sondern klärt auch etwaige falsche Vorstellungen. Beides beugt Enttäuschungen vor. Zur Klärung dienen die Fragen der Reflexion 13.[22] Sie sollten zunächst individuell beantwortet werden, um dann mit den Antworten in den Austausch zu gehen (Caspary 2022, S. 168; Kleve 2021, S. 5).

22 Ergänzend kann die Methode als Erwartungskarussell durchgeführt werden (von Schlippe 2014, S. 183 ff.; Kleve 2022, S. 24 ff.).

Perspektive der Übergebenden	Perspektive der Übernehmenden
• Was erwarte ich von den Nachfolgenden? Wo vermischen sich vielleicht familiäre und unternehmerische Erwartungen? • Woran erkenne ich, dass die Nachfolgenden die Verantwortung in passender Weise tragen? • Woran merke ich, dass dies nicht geschieht? • Habe ich meine Erwartungen so mitgeteilt, dass sie von den Nachfolgern verstanden werden? • Wie könnte ich ein konstruktives Gespräch mit den Nachfolgenden vorbereiten, anbahnen und führen, um meine Erwartungen mitzuteilen?	• Welche Erwartungen stellt meine Familie, das Unternehmen und der Eigentümerkreis an mich? • Was lösen diese Erwartungen in mir aus? • Wann möchte ich die Erwartungen erfüllen? • Wenn ich bestimmte Erwartungen ablehne, wie kann ich das den Personen mitteilen? • Worauf lege ich Wert? • Welche Erwartungen stelle ich an meine Nachfolge? • Welche Verpflichtungen empfinde ich, die mit der Übernahme der Eigentumsverantwortung einhergehen? • Was ist für mich ein gutes Ergebnis für meinen Nachfolgeprozess? • Wie möchte ich die Verantwortung für die Fortführung des Unternehmens tragen?

Reflexion 13: Erwartungsmanagement zwischen Übergebenden und Übernehmenden

Für den gemeinsamen Austausch können die Fragen der Reflexion 12 als Orientierung dienen.

5.5 Management des strukturellen Risikos

Einen Zugang zu der Frage, wie die Kopplung der drei Subsysteme optimal gestaltet werden kann, erlaubt die Komplexitätssteuerung bzw. -reduktion. Wie in Kapitel 3.4 dargestellt wurde, erhöht die Komplexität der jeweiligen Subsysteme das Unternehmerfamilien innewohnende strukturelle Risiko. Dabei existieren verschiedene Einflussfaktoren, die die Komplexität der jeweiligen Subsysteme erhöhen können (Tab. 9). Deren Auftreten formt das Komplexitätsprofil einer Unternehmerfamilie. Einem besseren Verständnis des eigenen Komplexitätsprofils dienen die Fragen in Reflexion 14 vor dem Hintergrund der eben genannten Einflussfaktoren.

Nach Gimeno, Baulenas und Coma-Cros (2010) sowie Rüsen, von Schlippe und Gimeno (2017) ermöglicht eine Strukturentwicklung innerhalb von Unternehmerfamilien[23] es, den Umgang mit der entstehenden Komplexität zu gestalten. Die Strukturentwicklung kann mittels fünf Ordnungsinstrumenten vollzogen werden mit dem Ziel das strukturelle Risiko zu reduzieren. Diese Ordnungsinstrumente, werden in Reflexion 15 beschrieben und dienen als Orientierungs-

23 Im Original geben sie diese für Familienunternehmen an.

- Welche Faktoren treiben die Komplexität innerhalb eurer Familie, im Unternehmen und im Eigentümerkreis in die Höhe? Bewertet diese bitte jeweils anhand einer Skala von 1 bis 10 (1 = geringe Auswirkung, 10 = starke Auswirkung). Welches Subsystem ist der stärkste Komplexitätstreiber? War euch dies bewusst? Wie geht ihr jetzt damit um?
- Was sind die Top 3 eurer Komplexitätstreiber in Familie, Unternehmen und Eigentümerkreis? Wie machen sich diese im Alltag bemerkbar?
- Wo bestehen Wechselwirkungen? Verstärken sie sich gegenseitig?
- Wie kann der Umgang damit gestaltet werden?
- Wo treten Konflikte zwischen Familie, Unternehmen und Eigentümerkreis auf? Wie geht ihr mit ihnen um?
- Wie manifestiert sich die Komplexität innerhalb eurer Unternehmerfamilie? Welche Herausforderungen ergeben sich dadurch für euch?

Reflexion 14: Komplexität managen

hilfe dem Zweck, Maßnahmen zu entwickeln, die zu einer Reduktion des strukturellen Risikos beitragen (Gimeno, Baulenas u. Coma-Cros 2010, S. 48 f.; Rüsen, von Schlippe u. Gimeno 2017, S. 46).

Ordnungsinstrument	**Beschreibung**
Institutionalisierung	*Wie kann mit den zentrifugalen Kräften zwischen den Subsystemen umgegangen werden?* Hierunter fällt die Etablierung von Gremien und verbindlichen Regelwerken. Dies unterstützt die Entscheidungsfähigkeit der Unternehmerfamilie, indem der Informationsfluss kanalisiert wird. Die Wirksamkeit wird durch eine entsprechende Institutionalisierung sichergestellt. Diese trägt dazu bei, die unterschiedlichen Aufgaben, die Besetzung der Ämter sowie die Kompetenzzuweisung in den Gremien zu formalisieren.
Rollendifferenzierung	*Wie kann der Einfluss der Familie auf das Unternehmen gestaltet werden?* Die Differenzierung der Rollen innerhalb der Unternehmerfamilie trägt dazu bei, die unterschiedlichen Erwartungen an die Mitglieder zu spezifizieren: Welche Erwartungen und Kriterien gelten für die operativ im Unternehmen arbeitenden Mitglieder? Was gilt für die Mitglieder in ihrer Eigentümerrolle, und welche Rechte sind damit verbunden. Hier steht der professionelle Umgang durch Formalisierung der Erwartungen und Kriterien im Vordergrund.
Gelebte Managementpraktiken	*Wie wird die Unternehmerfamilie geführt?* Der Fokus liegt hier auf den Fähigkeiten des Managementteams, unabhängig davon, ob Familienmitglieder und/oder externe Personen an diesem beteiligt sind. Wie muss die Unternehmerfamilie geführt werden, damit sich deren Fähigkeiten optimal entwickeln können. Darunter fallen Themen wie z. B. die Einstellung der Familienmitglieder gegenüber dem Management, die Art und Weise, wie die Professionalität der Unternehmensführung sichergestellt oder wie das Wissensmanagement organisiert wird. Ist dieses für alle verfügbar, oder existieren Wissensinseln?
Kommunikation	*Wie wird der Umgang mit persönlichen Beziehungen gestaltet?* Ziel innerhalb der Unternehmerfamilie sollte es sein, die Ziele, Interessen und Bedürfnisse klar festzulegen und zu kommunizieren. Wie kann Verbindlichkeit hergestellt, Konsens hergestellt, wie können Unterschiede integriert und Regeln offen angesprochen werden?

Nachfolge	*Wie wird die transgenerationale Perspektive in der Unternehmerfamilie sichergestellt?* Hierunter kann eine Differenzierung vorgenommen werden. Innerhalb der Unternehmerfamilie geht es um die Sicherung durch Familienmitglieder (personenabhängig), während im Unternehmen die Stabilität personenunabhängig sichergestellt werden muss. Hier sollten die Funktionsrolle und die daraus ableitbaren Erwartungen und Aufgaben im Vordergrund stehen. Im Unternehmenskontext stellt sich daher die Frage, wie sehr die Führung von einzelnen Führungsprotagonisten abhängt. Aber auch die Frage, wie die Nachfolgegeneration an ihre Eigentümerrolle und eine etwaige operative Rolle im Unternehmen herangeführt werden kann.

Reflexion 15: Stellhebel zur Reduktion der Komplexität mittels Strukturen

Die Strukturentwicklung muss im Zusammenspiel mit der jeweiligen Kultur und Strategie betrachtet werden. Die in Reflexion 16 gestellten Fragen dienen dazu, den Umgang mit Komplexität innerhalb der Unternehmerfamilie zu gestalten. Diese sollten vor dem Hintergrund der in Tabelle 10 dargestellten Maßnahmen für den Umgang mit Komplexität beantwortet werden. Die Fragen unterstützen den Prozess, die wechselseitige Beziehung von Kultur, Strategie und Struktur aufeinander abzustimmen, damit das strukturelle Risiko bestmöglich reduziert werden kann.

- Ist euch das Wechselspiel zwischen Kultur, Strategie und Struktur bewusst?
- Sind diese Größen bei euch aufeinander abgestimmt?
- Welche Punkte aus Tabelle 10 existieren bei euch bereits, und wie nutzt ihr sie? Wie können sie zur Reduktion der Komplexität beitragen?
- Welche Punkte aus Tabelle 10 wären sonst noch sinnvoll? Wie können diese einen Beitrag leisten, und was muss dafür getan werden?
- Wirkt eure Kultur fördernd auf die anderen beiden Größen? Wenn nicht, warum? Was muss dahingehend unternommen werden? Wo treten immer wieder Konflikte und Dysfunktionen auf?
- Entspricht eure derzeitige Strategie eurer Kultur, und entsprechen eure Strukturen eurer Strategie? Wenn nicht: Wie lassen sich Strategie und Strukturen anpassen? Sind eventuell kulturelle Anpassungen notwendig?
- Wo gibt es Schwierigkeiten in der Abstimmung? Warum? Wo liegen die Ursachen?
- Was kann kurz- und langfristig unternommen werden, damit Kultur, Strategie und Struktur besser aufeinander abgestimmt sind?
- Was kann kurz- und langfristig unternommen werden, damit Kultur, Strategie und Struktur die Komplexität reduzieren bzw. damit diese besser gemanagt werden kann? Welche Maßnahmen sind erforderlich?
- Wie zeigt sich bei euch die Komplexität innerhalb der Subsysteme bzw. auf der Ebene der Unternehmerfamilie?
- Wie unterstützen euch eure Kultur, Strategie und die Strukturen dabei die Komplexität innerhalb eurer Unternehmerfamilie zu reduzieren? Was genau muss implementiert werden?
- Existieren Komplexitätstreiber, die ihr nicht beeinflussen/reduzieren könnt? Wie geht ihr damit um?

Reflexion 16: Wechselspiel von Kultur, Strategie und Struktur

5.6 Kultur als Resilienzressource

Die organisatorische Resilienz stellt eine Kernressource einer Unternehmerfamilie dar. Sie erklärt nicht nur die Beständigkeit dieses Familientypus, sondern auch die des zugehörigen Familienunternehmens. Durch die Kopplung entstehen unweigerlich Wechselbeziehungen, wodurch sich die Widerstandskraft der Unternehmerfamilie ebenso im Familienunternehmen widerspiegelt.

Wie in Kapitel 3.5 dargelegt, kann der Kultur ein wesentlicher Einfluss auf die Ausprägung der Resilienz zugesprochen werden. Wird die organisationale Resilienz einer Unternehmerfamilie betrachtet, so sollte zunächst immer die Frage beantwortet werden,

- welche Merkmale eine Kultur aufweist, die die Resilienz stärken und
- wie diese Merkmale, wenn noch nicht vorhanden, kulturell verankert werden können.

In diesem Zusammenhang spielen vor allem die Resilienzfaktoren Bewusstsein und Systemklarheit eine wichtige Rolle. Einerseits ermöglichen sie einen Zugang zu den kulturellen Besonderheiten und liefern Aufschlüsse über die komplexen Zusammenhänge innerhalb der Unternehmerfamilie. Andererseits helfen beide Faktoren, die anderen sieben Resilienzfaktoren zu entwickeln und kulturell zu verankern.

Die Frage, ob und wie die einzelnen Faktoren ausgeprägt sind, ist für jede Unternehmerfamilie anders zu beantworten. Ebenso kann die Interpretation einzelner Faktoren unterschiedlich sein, sollte bei der Analyse und Bearbeitung vorab berücksichtigt und festgelegt werden bzw. an die Kultur der Unternehmerfamilie angepasst werden. Reflexion 17 schafft Klarheit im Hinblick auf die verschiedenen Resilienzfaktoren.

Reflexion der Resilienzfaktoren
• Wie interpretiert ihr die einzelnen Faktoren für euch? • Was bedeuten sie für euch? • Wie können sie eure Widerstandskraft unterstützen?
Optimismus:
Verantwortung:
Zukunftsorientiertheit:
Lösungsorientiertheit:
Selbstwirksamkeit:
Netzwerkorientiertheit:
Akzeptanz:
Bewusstsein:
Systemklarheit:

Bewusstsein • Wie geht ihr mit eurer kulturellen Prägung um? Ist euch diese bewusst? • Welche Werte tragen/unterstützen die einzelnen Faktoren? • Wie und wo unterstützt euch das Bewusstsein bei der Realisierung/Stärkung der Faktoren und eurer Kultur?

Mustererkennung • Erkennt ihr anhand der oberen Tabelle Muster in eurer Kultur, die sich auf alle Faktoren gleichermaßen positiv/negativ auswirken? • Was ist deren Ursache? • Wie können die jeweiligen Muster gestärkt/minimiert werden?

Reflexion 17: Reflexion der neun Resilienzfaktoren

auf der Ebene der Unternehmerfamilie	
• In welchen Aspekten wirkt eure Kultur positiv/negativ auf die einzelnen Faktoren? • Wo unterstützt sie, wo nicht? • Wie erlebt ihr das im täglichen Alltag miteinander?	
Positiv	Negativ

Systemklarheit
- Wo herrscht bei euch noch Unklarheit?
- In welchen Subsystemen treten Widersprüche auf?
- Existieren Erwartungen, die die Systemklarheit tangieren, da sie sich widersprechen?
- Wie und wo unterstützt euch die Systemklarheit bei der Realisierung/Stärkung der Faktoren und eurer Kultur?

Maßnahmen
- Welche Maßnahmen müsst/könnt ihr setzen, um die einzelnen Resilienzfaktoren bei euch kulturell zu verankern?
- Was muss zukünftig unterlassen werden, damit die Faktoren positiv auf eure Widerstandskraft wirken können?
- Wie bzw. durch welche Maßnahmen könnt ihr das Bewusstsein bzw. die Systemklarheit stärken?

Literaturverzeichnis

Ashby, W. R. (1956): An introduction to cybernetics. London (Chapman & Hall).

Barthelmess, M. (2016): Die systemische Haltung. Was systemisches Arbeiten im Kern ausmacht. Göttingen (Vandenhoeck & Ruprecht).

Bateson, G. (1992): Ökologie des Geistes. Anthropologische, psychologische, biologische und epistemologische Perspektiven. Frankfurt/M. (Suhrkamp), 4. Aufl.

Baus, K. (2010): Die Familienstrategie. Wie Familien ihr Unternehmen über Generationen sichern. Wiesbaden (Gabler), 3. Aufl.

Bauschke, R. (2014): Unternehmenskultur und Unternehmenserfolg. In: N. Homma, R. Bauschke u. L. M. Hofmann (Hrsg.): Einführung Unternehmenskultur. Grundlagen, Perspektiven, Konsequenzen. Wiesbaden (Springer Gabler), S. 15–30.

Blackmore, S. (2005): Die Macht der Meme oder die Evolution von Kultur und Geist. München (Spektrum Akademischer Verlag/Elsevier).

Böhle, F. u. S. Busch (Hrsg.) (2012): Management von Ungewissheit. Neue Ansätze jenseits von Kontrolle und Ohnmacht. Bielefeld (Transcript).

Brandstätter, V. u. J.-H. Otto (2009): Handbuch der Allgemeinen Psychologie. Motivation und Emotion, Bd. 11. Göttingen (Hogrefe).

Caspary, C. R. (2010): Töchter in der Nachfolge von mittelständischen Familienunternehmen. Warum werden oft 50% des Nachfolgepotenzials verschenkt? Eine deskriptive Untersuchung auf Basis der Sozialisationstheorien. Diss., Meckenheim, Wershofen (WDV).

Caspary, S. (2018a): Das Familienunternehmen als Sozialisationskontext für Unternehmerkinder. Familienunternehmen und KMU. Wiesbaden (Springer Gabler).

Caspary, S. (2018b): Aufwachsen im Kontext eines Familienunternehmens: Sozialisation in Unternehmerfamilien. In: M. Lueger, H. Frank u. C. Korunka (Hrsg.): Die Unternehmerfamilie im Kontext ihres Familienunternehmens. Wien (Facultas), S. 125–152.

Caspary, S. (2022): Erwartungsmanagement für Nachfolger aus Unternehmerfamilien. *Familienunternehmen und Strategie* 2022 (05): 164–169.

Caspary, S. (2023): Sozialisation von Nachkommen aus Unternehmerfamilien. Familiendynamik und Unternehmensnachfolge. Wiesbaden (Springer Gabler).

Caspary, S. u. H. Kleve (2023): Kulturentwicklung in Unternehmerfamilien. Sicherung von Identität und Transgenerationalität. WIFU-Praxisleitfaden. Witten (WIFU).

Caspary, S., T. A. Rüsen u. H. Kleve (2024): Loslassen lernen. Wie die Senior-Generation den Übergabeprozess und ihre eigene Transformation aktiv gestalten kann. WIFU-Praxisleitfaden. Witten (WIFU).

Dawkins, R. (1996): Das egoistische Gen. Hamburg (Rowohlt), 3. Aufl.

Domayer, E. u. G. Vater (1995): Das Familienunternehmen. Chancen und Risiken. In: F. Grossmann, E. Krainz u. M. Oswald (Hrsg.): Veränderungen in Organisationen. Management und Beratung, Wiesbaden (Gabler), S. 149–163.

Drucker, P. F. (1992): Die Zukunft managen. Düsseldorf (Econ).

Drucker, P. F. u. P. Paschek (Hrsg.) (2004): Kardinaltugenden effektiver Führung. Mit Beiträgen von Fredmund Malik, Herrmann Simon, Bill Emmott, Mathias Döpfner und weiteren namhaften Autoren. Frankfurt/M. (Redline Wirtschaft).

El Emary, I. M. M., A. Brzozowska a. D. Bubel (2020): Management of organizational culture as a stabilizer of change. Organizational culture management dilemmas. London (Taylor & Francis).

Fink, M. (2008): Nachfolgeregelung in Familienunternehmen. In: C. Ludwig u. M. Widinski (Hrsg.): Generationenwechsel. Steuerliche, unternehmensrechtliche und betriebswirtschaftliche Aspekte. Festschrift für Karl Bruckner. Wien (Linde), S. 77–88.

Frank, H. u. A. Keßler (2018): Einigkeit als Herausforderung für eine Unternehmerfamilie – Strategien zur Erzielung von Konsens in einer Stammesorganisation. In: M. Lueger, H. Frank u. C. Korunka (Hrsg.): Die Unternehmerfamilie im Kontext ihres Familienunternehmens. Wien (Facultas), S. 251–284.

Frank, H. u. M. Lueger (2018): Ein Plädoyer für mehr Forschung über Unternehmerfamilien. In: M. Lueger, H. Frank u. C. Korunka (Hrsg.): Die Unternehmerfamilie im Kontext ihres Familienunternehmens. Wien (Facultas), S. 15–27.

Frank, H., A. Kessler, S. Beck, J. Suess-Reyes a. E. Fuetsch (2023): The enterpriseness of business families: Conceptualization, scale development and validation. *Journal of Family Business Strategy* 14 (2): 1–13.

Franken, S. (2010): Verhaltensorientierte Führung. Handeln, Lernen und Diversity in Unternehmen. Wiesbaden (Gabler), 3. Aufl.

Frankl, V. (2011): Der Mensch vor der Frage nach dem Sinn. München (Piper), 24. Aufl.

Gatt, M. u. B. Meerwald (2018): Flexibel und belastbar. Das Wiener Resilienz-Modell in der Praxis. Verfügbar unter: https://www.wko.at/wien/impuls-pro/wrm-broschuere.pdf. [31.03.2024].

Gentzel, P., F. Krotz, J. Wimmer u. R. Winter (Hrsg.) (2019): Das vergessende Subjekt. Subjektkonstitutionen in mediatisierten Alltagswelten. Wiesbaden (Springer VS).

Gimeno, A., G. Baulenas u. J. Coma-Cros (2010): Familienunternehmen führen – Komplexität managen. Mentale Modelle und praktische Lösungen. Göttingen (Vandenhoeck & Ruprecht).

Grossmann, F., E. Krainz u. M. Oswald (Hrsg.) (1995): Veränderungen in Organisationen. Management und Beratung. Wiesbaden (Gabler).

Grubendorfer, C. (2016): Einführung in systemische Konzepte der Unternehmenskultur. Heidelberg (Carl-Auer), 3. Aufl. 2023.

Gruhl, M. (2022): Resilienz. Die Strategie der Stehauf-Menschen. Krisen meistern mit innerer Widerstandskraft. Freiburg im Breisgau (Herder).

Haas, B. (2005): Der Patriarch, die Familie, die Firma und der Konflikt. Eine Falldarstellung. In: F. B. Simon (Hrsg.): Die Familie des Familienunternehmers. Ein System zwischen Gefühl und Geschäft. Heidelberg (Carl-Auer), S. 75–114, 3. Aufl. 2011.

Habig, H. u. J. Berninghaus (2004): Die Nachfolge im Familienunternehmen ganzheitlich regeln. Berlin (Springer), 2. Aufl.

Hall, E. T. (1989): Beyond culture. New York (Anchor Books).

Hasenzagl, R. (2018): Enterprisiness – was machen Organisationen aus Familien. In: M. Lueger, H. Frank u. C. Korunka (Hrsg.): Die Unternehmerfamilie im Kontext ihres Familienunternehmens. Wien (Facultas), S. 29–63.

Heck, R. K. Z. a. E. Scannell Trent (1999): The prevalence of family business from a household sample. *Family Business Review* 12 (3): 209–224.

Heil, C. (2022): Familiensache Resilienz. Wie Unternehmerfamilien Schutzfaktoren für ihre Kinder identifizieren und entwickeln können. WIFU-Praxisleitfaden. Witten (WIFU).

Heller, J., M. Elbe u. M. Linsenmann (2012): Unternehmensresilienz – Faktoren betrieblicher Widerstandsfähigkeit. In: F. Böhle u. S. Busch (Hrsg.): Management von Ungewissheit. Neue Ansätze jenseits von Kontrolle und Ohnmacht. Bielefeld (Transcript), S. 213–232.

Hoffmann, G. P. (2017): Organisationale Resilienz. Kernressource moderner Organisationen. Berlin (Springer).

Hofstede, G. u. G. J. Hofstede (2011): Lokales Denken, globales Handeln. Interkulturelle Zusammenarbeit und globales Management. München (dtv), 5. Aufl.

Homma, N., R. Bauschke u. L. M. Hofmann (Hrsg.) (2014): Einführung Unternehmenskultur. Grundlagen, Perspektiven, Konsequenzen. Wiesbaden (Springer Gabler).

Katz, C. u. P. Weissmüller (2007): Die Entwicklung der Unternehmenskultur. *KMU Magazin* 5: 28–33.

Katz, C., P. Weissmüller u. M. Thies (2007): Die Ursachen der Unternehmenskultur. *KMU Magazin* 4: 32–37.

Kempert, W. (2008): Praxishandbuch für die Nachfolge im Familienunternehmen: Leitfaden für Unternehmer und Nachfolger. Wiesbaden (Springer Gabler).

Keßler, A., H. Frank u. A. von Schlippe (2018): Bestimmungsfaktoren der Identität von Unternehmerfamilien. In: M. Lueger, H. Frank u. C. Korunka (Hrsg.): Die Unternehmerfamilie im Kontext ihres Familienunternehmens. Wien (Facultas), S. 175–205.

Klatten, S. (2002): Werte im Wandel. Unternehmer in der vierten Generation. In: N. Schweickart (Hrsg.): Unternehmertum am Beginn des 21. Jahrhundert. München (Piper), S. 57–70.

Klein, P. u. B. Meerwald (2020): Das Wiener Systemische Resilienz Modell. Wien (myMorawa/Buchschmiede).

Klein, S. B. (2004): Familienunternehmen. Theoretische und empirische Grundlagen. Wiesbaden (Springer Gabler), 2. Aufl.

Kleve, H. (2019a): Die Unternehmerfamilie der Gesellschaft: Funktion, Code und Medium eines ungewöhnlichen Sozialsystems. In: H. Kleve u. T. Köllner (Hrsg.): Soziologie der Unternehmerfamilie. Grundlagen, Entwicklungslinien, Perspektiven. Wiesbaden (Springer VS), S. 278–300.

Kleve, H. (2019b): Dynamiken in wachsenden Unternehmerfamilien. Die Macht elementarer Systemregeln für Zusammenhalt und Kommunikation. WIFU-Praxisleitfaden. Witten (WIFU).

Kleve, H. (2020a): Die Unternehmerfamilie. Wie Wachstum, Sozialisation und Beratung gelingen. Heidelberg (Carl-Auer).

Kleve, H. (2020b): Sozialisation, Erziehung und Lernen in Unternehmerfamilien. Das KEA-Modell für »Kopf«, »Herz« und »Hand«. In T. A. Rüsen u. A. K. Heider (Hrsg.): Aktive Eigentümerschaft in Unternehmerfamilien – Gesellschafterkompetenz in Unternehmerfamilien entwickeln und anwenden. Berlin (Erich Schmidt), S. 247–261.

Kleve, H. (2021): Nachfolgeplanung in der Familie. Von Generation zu Generation: psychosoziale Aspekte der Weitergabe von Familieneigentum. *IWW Institut* 1–5.

Kleve, H. (2022): Empowerment und Selbstreflexion in Unternehmerfamilien. Gesellschafterkompetenz durch systemisches Denken und Handeln. WIFU-Praxisleitfaden. Witten (WIFU).

Kleve, H. u. T. Köllner (Hrsg.) (2019): Soziologie der Unternehmerfamilie. Grundlagen, Entwicklungslinien, Perspektiven. Wiesbaden (Springer VS).

Kleve, H., L. Nagel u. T. Köllner (2022): Narrative der Resilienz. *Familienunternehmen und Strategie* 2022 (5): 177–184.

Kleve, H., A. von Schlippe u. T. A. Rüsen (2019): Die »verdreifachte« Familie. Dynastische Unternehmerfamilien als Familien, Organisationen und Netzwerke: Skizze einer Theorieerweiterung. In: H. Kleve u. T. Köllner (Hrsg.): Soziologie der Unternehmerfamilie. Grundlagen, Entwicklungslinien, Perspektiven. Wiesbaden (Springer VS), S. 249–266.

Klimecki, R. G. u. G. J. B. Probst (1990): Entstehung und Entwicklung der Unternehmungskultur. In: C. Lattmann (Hrsg.): Die Unternehmenskultur. Ihre Grundlagen und ihre Bedeutung für Führung der Unternehmung. Heidelberg (Physika), S. 41–65.

Kloss, M. (2004): »One Firm« – allein die Werte halten McKinsey zusammen. In: P. F. Drucker u. P. Paschek (Hrsg.): Kardinaltugenden effektiver Führung. Mit Beiträgen von Fredmund Malik, Herrmann Simon, Bill Emmott, Mathias Döpfner und weiteren namhaften Autoren. Frankfurt/M. (Redline Wirtschaft), S. 191–203.

Kluckhohn, F. R. a. F. L. Strodtbeck (1961): Variations in value orientations. New York (Harper & Row).

Königswieser, R. u. M. Hillebrand (2009): Einführung in die systemische Organisationsberatung. Heidelberg (Carl-Auer), 11. Aufl. 2023.

Kormann, H. (2011): Zusammenhalt der Unternehmerfamilie. Verträge, Vermögensmanagement, Kommunikation. Heidelberg (Springer).

Korunka, C. u. E. Fuetsch (2018): Arbeitsbedingungen und Lebensqualität aus der Sicht von Unternehmerfamilien. In: M. Lueger, H. Frank u. C. Korunka (Hrsg.): Die Unternehmerfamilie im Kontext ihres Familienunternehmens. Wien (Facultas), S. 153–173.

Krulis-Randa, J. S. (1990): Einführung in die Unternehmungskultur. In: C. Lattmann (Hrsg.): Die Unternehmenskultur. Ihre Grundlagen und ihre Bedeutung für Führung der Unternehmung. Heidelberg (Physika), S. 1–20.

Langer, S. (2009): Viral Marketing. Wie Sie Mundpropaganda gezielt auslösen und Gewinn bringend nutzen. Wiesbaden (Springer Gabler), 3. Aufl.

Lansberg, I. S. (1983): Managing human resources in family firms: the problem of institutional overlap. *Organizational Dynamics* XII: 39–46.

Lassl, W. (2019): The viability of organisations. Decoding the »DNA« of organizations, Vol. 1. Basel (Springer Nature Switzerland).

Lattmann, C. (Hrsg.) (1990): Die Unternehmenskultur. Ihre Grundlagen und ihre Bedeutung für Führung der Unternehmung. Heidelberg (Physika).

Leiß, G. (2019): Gesellschaftliche Pluralität und familiäre Identität: Zur Evolution der Unternehmerfamilie am Beispiel der Nachfolge in Familienunternehmen. In: H. Kleve u. T. Köllner (Hrsg.): Soziologie der Unternehmerfamilie. Grundlagen, Entwicklungslinien, Perspektiven. Wiesbaden (Springer VS), S. 169–185.

Leiß, G. u. A. Zehrer (2018): Freiheit in Verbundenheit – Ko-Evolution in Unternehmerfamilien. In: M. Lueger, H. Frank u. C. Korunka (Hrsg.): Die Unternehmerfamilie im Kontext ihres Familienunternehmens. Wien (Facultas), S. 231–250.

Levold, T., K. Martens-Schmid u. C. Schuchardt-Hain (2005): »Eigentlich müsste man dich klonen …«. Familiendynamische Aspekte einer Nachfolgeregelung. In: F. B. Simon (Hrsg.): Die Familie des Familienunternehmers. Ein System zwischen Gefühl und Geschäft. Heidelberg (Carl-Auer), S. 209–263, 3. Aufl. 2011.

Ludwig, C. u. M. Widinski (Hrsg.) (2008): Generationenwechsel. Steuerliche, unternehmensrechtliche und betriebswirtschaftliche Aspekte. Festschrift für Karl Bruckner. Wien (Linde).

Lueger, M. u. H. Frank (Hrsg.) (2012): Wie erfolgreich Familienunternehmen handeln – Good Practice Fallanalysen. Eine Studie des Forschungsinstituts für Familienunternehmen an der WU. Wien (Facultas).

Lueger, M., H. Frank u. C. Korunka (Hrsg.) (2018): Die Unternehmerfamilie im Kontext ihres Familienunternehmens. Wien (Facultas).

Luhmann, N. (1970): Soziologische Aufklärung. Aufsätze zur Theorie sozialer Systeme. Köln/Opladen (Westdeutscher Verlag).

Luhmann, N. (1989): Vertrauen. Ein Mechanismus der Reduktion sozialer Komplexität. Stuttgart (Enke), 3. Aufl.

Luhmann, N. (1994): Soziale Systeme. Grundriß einer allgemeinen Theorie. Frankfurt/M. (Suhrkamp), 5. Aufl.

Luhmann, N. (2000): Organisation und Entscheidung. Opladen (Westdeutscher Verlag).

Lüscher, K. (2016): Sozialisation und Ambivalenzen. Bausteine eines Vademekums. *Zeitschrift für Soziologie der Erziehung und Sozialisation* 36 (2): 118–136.

Malik, F. (1990): Die Unternehmungskultur als Problem von Managementlehre und Managementpraxis. In: C. Lattmann (Hrsg.): Die Unternehmenskultur. Ihre Grundlagen und ihre Bedeutung für Führung der Unternehmung. Heidelberg (Physika), S. 21–39.

Malik, F. (2006): Strategie des Managements komplexer Systeme. Ein Beitrag zur Management-Kybernetik evolutionärer Systeme. Bern (Haupt), 9. Aufl.

Malik, F. (2013): Management. Das A und O des Handwerks. Frankfurt/M. (Campus), 2. Aufl.

Malik, F. (2014): Führen Leisten Leben. Wirksames Management für eine neue Welt. Frankfurt/M. (Campus).

Martin, J. a. C. Siehl (1983): Organizational culture and counterculture: An uneasy symbiosis. *Organizational Dynamics* 12 (2): 52–64.

Masten, A. N. (2016): Resilienz: Modelle, Fakten & Neurobiologie. Das ganz normale Wunder entschlüsselt. Paderborn (Junfermann).

Mendel, M. u. N. Piper (2005): Stabwechsel. Die schwierige Suche nach dem richtigen Nachfolger. München (Redline Wirtschaft).

Meyer, A. (2007): Unternehmerfamilie und Familienunternehmen erfolgreich führen. Unternehmertum fördern. Führungskultur entwickeln. Konflikte konstruktiv lösen. Wiesbaden (Springer Gabler).

Meyer, A. u. D. Oldenburg (2008): Macht-Wert-Sinn (?). Werte und Werteorientierung in Familienunternehmen. *OrganisationsEntwicklung – Zeitschrift für Unternehmensentwicklung und Change Management* 2008 (4): 17–22.

Oswald, S. (2019): Friendzone Level 5000. Memes als bildvermittelte Subjektivierungspraktiken. In: P. Gentzel, F. Krotz, J. Wimmer u. R. Winter (Hrsg.): Das vergessende Subjekt. Subjektkonstitutionen in mediatisierten Alltagswelten. Wiesbaden (Springer VS), S. 277–311.

Pümpin, C. u. H. P. Koller (1990): Die Bedeutung der Unternehmenskultur für die Unternehmensstrategie. In: C. Lattmann (Hrsg.): Die Unternehmenskultur. Ihre Grundlagen und ihre Bedeutung für Führung der Unternehmung. Heidelberg (Physika), S. 303–317.

Rosenstiel, L. von (1990): Der Einfluss des Wertewandels auf die Unternehmenskultur. In: C. Lattmann (Hrsg.): Die Unternehmenskultur. Ihre Grundlagen und ihre Bedeutung für Führung der Unternehmung. Heidelberg (Physika), S. 131–152.

Rühli, E. (1990): Ein methodischer Ansatz zur Erfassung und Gestaltung von Unternehmungskultur. In: C. Lattmann (Hrsg.): Die Unternehmenskultur. Ihre Grundlagen und ihre Bedeutung für Führung der Unternehmung. Heidelberg (Physika), S. 189–205.

Rüsen, T. A. (2014): Typische Inhalte und Regelwerke in Familienverfassungen. Unveröffentlichter Vortrag im Rahmen der 20. Trägersitzung des Wittener Instituts für Familienunternehmen (WIFU).

Rüsen, T. A. u. A. K. Heider (Hrsg.) (2020): Aktive Eigentümerschaft in Unternehmerfamilien – Gesellschafterkompetenz in Unternehmerfamilien entwickeln und anwenden. Berlin (Erich Schmidt).

Rüsen, T. A., F. Kienbaum, A. Kirchhoff u. V. Steiner (2022): Enkelfähig Wirtschaften. Familienunternehmen in Deutschland. München (Hanser).

Rüsen, T. A., H. Kleve u. A. von Schlippe (2021): Management des dynastischen Unternehmerfamilie. Zwischen Familie, Organisation und Netzwerk. Berlin (Springer Gabler).

Rüsen, T. A. u. A. von Schlippe (Hrsg.) (2017): Dynamiken in Familie und Unternehmen, Sammelbd. 3. Göttingen (Vandenhoeck & Ruprecht).

Rüsen, T. A., A. von Schlippe u. A. Gimeno (2017): Strukturelles Risiko und mentale Modelle in Familienunternehmen. In: T. A. Rüsen u. A. von Schlippe (Hrsg.): Dynamiken in Familie und Unternehmen, Sammelbd. 3. Göttingen (Vandenhoeck & Ruprecht), S. 45–56.

Rüsen, T. A., A. von Schlippe u. T. Groth (2022): Familienstrategie-Entwicklung in Unternehmerfamilien. Inhalt und Formen von Family Governance und Familienmanagementsystemen. WIFU-Praxisleitfaden. Witten (WIFU).

Rüttinger, B. u. J. Sauer (2016): Konflikt und Konfliktlösen. Kritische Situationen erkennen und bewältigen. Wiesbaden (Springer Gabler), 3. Aufl.

Sackmann, S. A. (1990): Möglichkeiten der Gestaltung von Unternehmenskultur. In: C. Lattmann (Hrsg.): Die Unternehmenskultur. Ihre Grundlagen und ihre Bedeutung für Führung der Unternehmung. Heidelberg (Physika), S. 151–188.

Sackmann, S. A. (2004): Erfolgsfaktor Unternehmenskultur: Mit kulturbewusstem Management Unternehmensziele erreichen und Identifikation schaffen – 6 Best Practice-Beispiele. Wiesbaden (Springer Gabler).

Sackmann, S. A. (2017): Unternehmenskultur: Erkennen – Entwickeln – Verändern. Erfolgreich durch kulturbewusstes Management. Wiesbaden (Springer Gabler), 2. Aufl.

Sagmeister, S. (2016): Business Culture Design. Gestalten Sie Ihre Unternehmenskultur mit der Culture Map. Frankfurt/M. (Campus).

Satir, V. (1980): Selbstwert und Kommunikation. Familientherapie für Berater und zur Selbsthilfe. München (Pfeiffer), 4. Aufl.

Schaub, H. (2009): Nachfolgeplanung in KMU. Bern (Haupt).

Schein, E. H. (1980): Organisationspsychologie. Wiesbaden (Gabler).

Schein, E. H. (1985): Organizational culture and leadership. A dynamic view. San Francisco (Jossey-Bass).

Schein, E. H. u. P. Schein (2017): Organisationskultur und Leadership. München (Vahlen), 5. Aufl.

Schiersmann, C. u. H.-U. Thiel (2014): Organisationsentwicklung. Prinzipien und Strategien von Veränderungsprozessen. Wiesbaden (Springer VS), 4. Aufl.

Schlippe, A. von (2009): Zwischen Ökonomie und Psychologie: Konflikte in Familienunternehmen. *Zeitschrift für Konfliktmanagement* 2009(1): 17–21.

Schlippe, A. von (2011): Paradoxien in Familienunternehmen. Vortrag vor dem Verband deutscher Unternehmerinnen e. V., Witten.

Schlippe, A. von (2014): Das kommt in den besten Familien vor. Systemische Konfliktbearbeitung in Familien und Familienunternehmen. Stuttgart (Concadora).

Schlippe, A. von (2017): Kein »Mensch-ärgere-dich-nicht«-Spiel: Ein kritischer Blick auf das »Drei-Kreise-Modell« zum Verständnis von Familienunternehmen. In: T. A. Rüsen u. A. von Schlippe (Hrsg.): Dynamiken in Familie und Unternehmen, Sammelbd. 3. Göttingen (Vandenhoeck & Ruprecht), S. 13–44.

Schlippe, A. von u. T. Groth (2007): The power of stories – Zur Funktion von Geschichten in Familienunternehmen. *Kontext* 38 (1): 26–47.

Schlippe, A. von u. T. Groth (2019): Unternehmen, Familie, Unternehmerfamilie: Systemtheoretische Perspektiven zur Erweiterung des Drei-Kreis-Denkens. In: H. Kleve u. T. Köllner (Hrsg.): Soziologie der Unternehmerfamilie. Grundlagen, Entwicklungslinien, Perspektiven. Wiesbaden (Springer VS), S. 267–277.

Schlippe, A. von, T. Groth u. T. A. Rüsen (2017): Die beiden Seiten der Unternehmerfamilie. Familienstrategie über Generationen: Auf dem Weg zu einer Theorie der Unternehmerfamilie. Göttingen (Vandenhoeck & Ruprecht).

Schlippe, A. von u. S. Klein (2017): Familienunternehmen – blinder Fleck der Familientherapie? In: T. A. Rüsen u. A. von Schlippe (Hrsg.): Dynamiken in Familie und Unternehmen, Sammelbd. 3. Göttingen (Vandenhoeck & Ruprecht), S. 109–130.

Schlippe, A. von, T. A. Rüsen u. T. Groth (Hrsg.) (2009): Beiträge zur Theorie des Familienunternehmens, Bd. 1. Lohmar (Josef Eul).

Schlippe, A. von u. J. Schweitzer (1999): Lehrbuch der systemischen Therapie und Beratung. Göttingen (Vandenhoeck & Ruprecht), 6. Aufl.

Schreyögg, G. (2008): Organisation. Grundlagen moderner Organisationsgestaltung. Mit Fallstudien. Wiesbaden (Springer Gabler), 5. Aufl.

Schreyögg, G. u. D. Geiger (2016): Organisation. Grundlagen moderner Organisationsgestaltung. Mit Fallstudien. Wiesbaden (Springer Gabler), 6. Aufl.

Schreyögg, G., J. Sydow u. J. Koch (2003): Organisatorische Pfade - Von der Pfadabhängigkeit zur Pfadkreation? *Managementforschung* 13: 257–294.

Schröder, E. (2019): Sozialisation- und Erziehungsprozess in Unternehmerfamilien. In: H. Kleve u. T. Köllner (Hrsg.): Soziologie der Unternehmerfamilie. Grundlagen, Entwicklungslinien, Perspektiven. Wiesbaden (Springer VS), S. 205–221.

Schulz von Thun, F. (1989): Miteinander reden 2 Stile, Werte und Persönlichkeitsentwicklung: Differentielle Psychologie der Kommunikation, Bd. 2. Reinbek (Rowohlt).

Schweickart, N. (Hrsg.) (2002): Unternehmertum am Beginn des 21. Jahrhundert. München (Piper).

Siefer, T. (1996): »Du kommst später einmal in die Firma!« Psychosoziale Dynamiken von Familienunternehmen. Heidelberg (Carl-Auer).

Simon, F. B. (2004): Gemeinsam sind wir blöd!? Die Intelligenz von Unternehmen, Managern und Märkten. Heidelberg (Carl-Auer), 5. Aufl. 2019.

Simon, F. B. (2005a): Einleitung: Zwischen Gefühl und Geschäft – Familien und ihre Unternehmen. In: F. B. Simon (Hrsg.): Die Familie des Familienunternehmers. Ein System zwischen Gefühl und Geschäft. Heidelberg (Carl-Auer), S. 7–16, 3. Aufl. 2011.

Simon, F. B. (2005b): Familien und Unternehmen: Überlegungen zu Unterschieden, Gemeinsamkeiten und den Folgen. In: F. B. Simon (Hrsg.): Die Familie des Familienunternehmers. Ein System zwischen Gefühl und Geschäft. Heidelberg (Carl-Auer), S. 17–34, 3. Aufl. 2011.

Simon, F. B. (2005c): Gerechtigkeit, Richtigkeit und Rechtmäßigkeit: Entscheidungsfindung in Familienunternehmen. In: F. B. Simon (Hrsg.): Die Familie des Familienunternehmers. Ein System zwischen Gefühl und Geschäft. Heidelberg (Carl-Auer), S. 55–71, 3. Aufl. 2011.

Simon, F. B. (2005d): Der Dritte in der Eltern-Kind-Beziehung. Familiäre Funktionen des Fremdmanagements. In: F. B. Simon (Hrsg.): Die Familie des Familienunternehmers. Ein System zwischen Gefühl und Geschäft. Heidelberg (Carl-Auer), S. 180–186, 3. Aufl. 2011.

Simon, F. B. (Hrsg.) (2005e): Die Familie des Familienunternehmers. Ein System zwischen Gefühl und Geschäft. Heidelberg (Carl-Auer), 3. Aufl. 2011.

Simon, F. B. (2008): Von Generation zu Generation – Unterschiedliche Entwicklungsschritte von Mehrgenerationen-Familien-Unternehmen. In: T. A. Rüsen u. A. von Schlippe (Hrsg.): Dynamiken in Familie und Unternehmen, Sammelbd. 3. Göttingen (Vandenhoeck & Ruprecht), S. 81–107.

Simon, F. B. (2009): Organisationen und Familien als soziale Systeme unterschiedlichen Typs. In: A. von Schlippe, T. A. Rüsen u. T. Groth (Hrsg.): Beiträge zur Theorie des Familienunternehmens, Bd. 1. Lohmar (Josef Eul), S. 17–45.

Simon, F. B. (2017): Von Generation zu Generation – Unterschiedliche Entwicklungsschritte von Mehrgenerationen-Familien-Unternehmen. In: T. A. Rüsen u. A. von Schlippe (2017): Dynamiken in Familie und Unternehmen, Sammelbd. 3. Göttingen (Vandenhoeck & Ruprecht), S. 81–107.

Simon, F. B., R. Wimmer u. T. Groth (2005): Mehr-Generationen-Familienunternehmen. Erfolgsgeheimnisse von Oetker, Merck, Haniel u. a. Heidelberg (Carl-Auer), 3. Aufl. 2017.

Smircich, L. (1983): Concepts of culture and organizational analysis. *Administrative Science Quarterly* 28: 339–358.

Solomon, C. (2003): Transactional Analysis Theory: the basics. *Transactional Analysis Journal* 33(1): 15–22.

Stamm, I. (2018): Erzählkultur in Unternehmerfamilien. In: M. Lueger, H. Frank u. C. Korunka (Hrsg.): Die Unternehmerfamilie im Kontext ihres Familienunternehmens. Wien (Facultas), S. 65–86.

Stein, G. (2004): Familiäre Werte und effektives Management. In: P. F. Drucker u. P. Paschek (Hrsg.): Kardinaltugenden effektiver Führung. Mit Beiträgen von Fredmund Malik, Herrmann Simon, Bill Emmott, Mathias Döpfner und weiteren namhaften Autoren. Frankfurt/M. (Redline Wirtschaft), S. 169–180.

Steinmann H. u. G. Schreyögg (2005): Management: Grundlagen der Unternehmensführung – Konzepte, Funktionen, Fallstudien. Wiesbaden (Springer Gabler), 6. Aufl.

Süss-Reyes, J. u. E. Fuetsch (2018): Nachfolge im Spannungsfeld unterschiedlicher generationaler Erwartungshaltungen in einem innovativen Familienunternehmen. In: M. Lueger, H. Frank u. C. Korunka (Hrsg.): Die Unternehmerfamilie im Kontext ihres Familienunternehmens. Wien (Facultas), S. 207–229.

Weismeier-Sammer, D., H. Frank, L. Nosé u. D. Suchy (2012): Ausgestaltung der Familiness in Familienunternehmen: Distanz als Mittel zur strukturellen Kopplung von Familie und Unternehmen. In: M. Lueger u. H. Frank (Hrsg.): Wie erfolgreich Familienunternehmen handeln – Good Practice Fallanalysen. Eine Studie des Forschungsinstituts für Familienunternehmen an der WU. Wien (Facultas), S. 180–209.

Wien, A. u. N. Franzke (2014): Unternehmenskultur. Zielorientierte Unternehmensethik als entscheidender Erfolgsfaktor. Wiesbaden (Springer Gabler).

Wimmer, R., E. Domayer, M. Oswald u. G. Vater (2005): Familienunternehmen – Auslaufmodell oder Erfolgstyp? Wiesbaden (Springer Gabler), 2. Aufl.

Wimmer, R. u. F. B. Simon (2019): Von Familienunternehmen zur Unternehmerfamilie: Zur Erweiterung einer sozialwissenschaftlichen und systemtheoretischen Perspektive. In: H. Kleve u. T. Köllner (Hrsg.): Soziologie der Unternehmerfamilie. Grundlagen, Entwicklungslinien, Perspektiven. Wiesbaden (Springer VS), S. 145–168.

Wimmer, R., F. B. Simon u. T. Groth (2004): Erfolgsmuster von Mehrgenerationen-Familienunternehmen. Wittener Diskussionspapiere, Sonderheft 2.

Zwack, M. (2011): Die Macht der Geschichten. Erzählungen als Form der Wertevermittlung in Familienunternehmen. Heidelberg (Carl-Auer).

Verzeichnis der Abbildungen

Verzeichnis der Tabellen

Verzeichnis der Reflexionen

Über den Autor

Simon Caspary, Dr.; Sozial- und Wirtschaftswissenschaftler; Berater, Coach und Trainer für Familienunternehmen und deren Familien; Ausbildungen und Weiterbildungen: Systemischer Familien- & Organisationsaufsteller, Wertorientierter systemischer Coach, Hypnosystemische Beratung, Konflikt- & Mobbingberatung in Betrieben, Trauerbegleiter, Lebens- & Sozialberater. Arbeitsschwerpunkte: On-/Offboarding und Entwicklung von Nachfolgern in (Familien-)Unternehmen; Begleitung/Beratung von Übergebern; Beratung von (Familien-)Unternehmen im Spannungsfeld Kultur, Struktur und Strategie; Teamentwicklung von Führungskräften; Trainings für Führungskräfte zu General-Management-Themen; Moderation

Kontakt: simoncaspary.com